停止讨好

成为一个真正的好人

〔美〕迈克·贝克特尔 著
一言 译

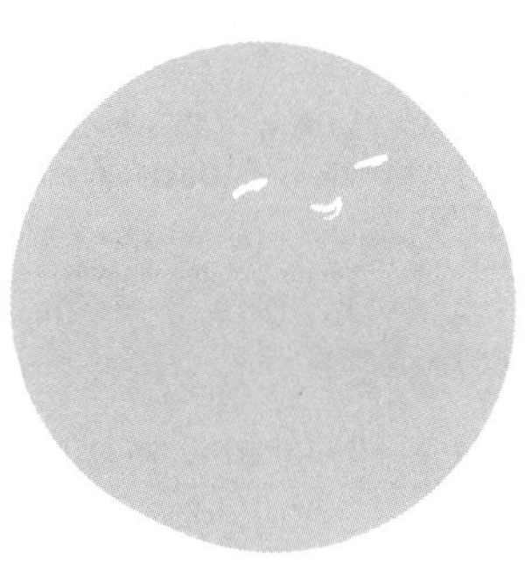

贵州出版集团
贵州教育出版社

版权登记号 图字：22-2021-067号

图书在版编目（CIP）数据

停止讨好 ：成为一个真正的好人 / （美）迈克•贝克特尔著 ；一言译. -- 贵阳 ：贵州教育出版社，2021.12

书名原文：The People Pleaser’s Guide to Loving Others without Losing Yourself

ISBN 978-7-5456-1472-5

Ⅰ. ①停… Ⅱ. ①迈… ②一… Ⅲ. ①人格心理学—通俗读物 Ⅳ. ①B848-49

中国版本图书馆CIP数据核字(2021)第245353号

TINGZHI TAOHAO:CHENGWEI YIGE ZHENZHENG DE HAOREN

停止讨好：成为一个真正的好人

〔美〕迈克•贝克特尔 著　一言 译

责任编辑：舒艳雪　廖　波
出版发行：贵 州 出 版 集 团
　　　　　贵州教育出版社
地　　址：贵州省贵阳市观山湖区会展东路SOHO区A座
　　　　　（电话 0851-86828567　邮编 550081）
印刷装订：三河市中晟雅豪印务有限公司
开　　本：710毫米×1000毫米　1/16
印　　张：15
字　　数：150千字
版　　次：2021年12月第1版
印　　次：2021年12月第1次印刷
书　　号：ISBN 978-7-5456-1472-5
定　　价：58.00元

与其做好人，我宁愿做一个完整的人。

——荣格

引言

难道我必须放弃善良吗？

我总是让人失望，所以我决定洗心革面。

——无名氏

我写这本书，是因为我累了。

我大半辈子都在讨好别人，这已经成为我生活的一部分，而我自己并没有意识到这一点——就像一条鱼不会注意到它生活在水里。我渴望人们喜欢我，我做出的所有决定几乎都是为了让别人开心。

高中的时候，我没有安全感。（你们都是这样吗？）所以当我开始工作的时候，我选择不走寻常路，跟我的朋友们区别开来：在停尸房工作，卖乐谱，开印刷厂，主持交通广播节目，做婚礼摄影，等等。我琢磨着，这样人们就能注意到我了，而且会对我印象深刻。

果不其然，这些工作给大家留下了深刻的印象。但是，对我来说却是没有用的。我心里非常清楚，人们只是对我的所作所为印象深刻，至于我的内在、真正的我是什么样子，他们都不知道（至少我是这么认为的）。我从来没给他们机会，让他们看清真正的我，对我来说这太冒险了。

我还特别在意所谓的“善良”，我很喜欢那些充满正能量的人，尤其是一些成年人，他们和蔼可亲、宽容大度，似乎从来没有烦恼。他们情绪稳定，每个人都喜欢他们。我不知道他们为什么从来不生气，我以为他们天生好脾气。于是，当我生气的时候，我也学着把怒气憋在心里，这样就没人知道了。

我可能会在心里生某个人的气，但嘴上却说：“哦，没关系。”

可事实上对我来说，并非没关系。我成了一个表里不一的人，而我相信这是生存的必需。

换句话说，在人前，我从来就不是真正的我，而是一个扭曲了的影子，是我创造出来给别人看的。我费尽心思，一刻都不敢松懈。我小心翼翼地呵护这个表象，它已经成了我的身份、我的特性，我一门心思地保持这种形象。

我是一个讨好者。

寻求一种解决方案

最终，我精疲力竭。我意识到我不是为自己而活，而是为别人活着，但我似乎被困住了，找不到出路。我开始失眠，满心焦虑。我知道不能再这样下去了，否则总有一天我会崩溃。

我走进一家书店，想从书籍中寻求帮助，果然找到了很多可供选择的书。我匆匆浏览了其中的大部分，发现了三个套路：

1. 讨好他人是不好的。
2. 你需要停止去讨好他人。
3. 改变的方法是：专注于讨好自己，而不是别人。

这看起来似乎有道理，但经不起推敲。我觉得这些书在告诉我，要变得对别人不管不顾，你们尽管讨厌我好了，只要关注我就行。这就好像是说，我活了一把年纪了，忽然要改头换面，变得自己都不认识自己。

可是，我不是个自私鬼啊，我是个好人，难道我必须放弃善良？

我读了这些书，又查阅很多文章和网站，发现很多建议都是同样的意思：我需要把注意力从迎合他人的需要转移到关爱自己上——自己才是首要的。这些书我读得越多，越是觉得千篇一律。如果他们说的是真的，那么，这么多年来我对别人的关注就是对自己的亏欠咯。

显然，我得学会自私。

可我内心深处愈发不安。

作为一个讨好者，难道真的一无是处？

除了依赖别人的评价，有没有其他方法能让自己感觉良好？

假如我拥有了健康的心态，学会了正确看待自己，那么我还可以继续讨他人喜欢吗？

我可以继续关心他人吗，自信而又坚定的那种？

这就是我的出发点。为了回答以上问题，我开始探索，我们怎样才能不受他人意见左右，合理地看待自己。如果我能够正确地看待自己，学会接受自己的独特性，那么我就不必成天琢磨如何给别人留下深刻印象了，我可以大大方方地关心他们，这就够了。

因此，本书比我看过的大多数书都更深入一步。它指出，用讨好他人的方式去建立自尊，结果是消极的。但这本书还告诉我们，学习关注自己，让自己变得身心健康，那么讨好他人也有积极的一面。

健康的身心状态是生活的基本保障，拥有了它，我们能够成为一名“强大”的讨好者。我们完全可以伸出手去帮助别人，满足他们的需要——只要合情合理。我们只有坦然地接纳真正的自己，才会真诚地关注他人。

讨好者的出路

真希望我可以用过去时态来写这本书，并且能够大言不惭地说，我跟自己的讨好型人格斗争了半辈子，现在大获全胜啦！可事实上，斗争还在继续，我还需努力。然而，我学会了坦然地“做自己”，发挥自己的这个特性去帮助别人，并从中找到了全新的高度自信。

我的探索之旅还在继续，我想邀请你同我一起，这样你也能找到自由。我不会夸口自己能解决所有的问题，我只想在你开始探索通向自由的道路时，做你的向导。

就当是茶余饭后的闲聊吧。在每一章，我们碰个面，聊聊这个探索之旅的不同方面。我们会讨论哪些方法有效，哪些做法没用，并且分享其他“过来人”的故事。我们还要将理论付诸实践，帮助你制订行动计划，一步一步走出困境。

我有博士头衔，但我不是一名心理学家。我不会打肿脸充胖子，吹嘘自己可以像心理治疗师那样给你提供宝贵的建议。（我尝试过心理咨询，从专业人士那里去了解我讨好他人的目的和动机，他们知道我的诉求。）我的博士学位是关于高等教育和成人学习的，我的整个职业生涯都是在课堂上度过的，无论是在大学还是在企业里，我都在用我的专业知识帮助人们应对交流带来的挑战。这也是本书的切入点——处理人际关系的实用方法，这也是我之前所有著作的重点内容。本次探索之旅会给你带来如下收获：

- 你会意识到，打破习以为常的生活模式是有可能的（而且并不像你想的那么难）。
- 你将学会如何说“不”，而不是不假思索地说“好的”（无论是谁提出的要求）。
- 面对生活中的人际关系，你会感到放松，不必处处迎合（即使对方喜欢指使人）。
- 你会发现，真实的你很容易让别人喜欢（并且意识到你已经足够好了）。

- 你将学会认识你自己，如此你就可以学会喜欢自己（而不必把自己变成另一个人）。
- 你会少一些不知所措，因为你不用花太多的时间在人际关系中定位自己（你不必时刻紧绷）。
- 你会成为真正的你，而且你仍然可以当一个好人（甚至更好）。
- 你将学会自信地处理冲突（而不是威胁）。
- 你不再那么焦虑了，晚上也能睡个好觉。

总之，还有希望。从此，你不必再为了挽留自尊而继续在讨好他人的泥淖中苦苦挣扎。然而，当你拥有了健康的身心，为自己打下一个坚实的基础时，你就能成为一个真正的好人——用最好的方式取悦他人！你越让自己幸福，就会越使别人高兴。

这似乎是一项难以企及的任务，就像攀登珠穆朗玛峰一样，尤其是如果你已经习惯了当“老好人”。不过，没有人能一步登天，我们唯一能做的就是迈出第一步，然后一步一个脚印地坚持下去。每个步骤都不难，需要的只是重复。没有哪个人是不经意间站在了高山之巅，所有的攀登都是有目标的——而且是能够实现的目标。

准备好迈出第一步了吗？翻过这一页，让我们一起开始通向自由的旅程。

目录

第一部分
停止讨好模式

第二部分
我们在害怕什么？

第三部分

实现自我价值的 10 个要素

第四部分

改变讨好他人的生活方式

第一部分

停止讨好模式

我们讨好别人，

是因为我们想感受自己的价值。

下面两个选项，你选哪个？

a）跑一次马拉松

b）吃培根（或者其他好吃的）

如果你是健身达人，你可能会选择跑马拉松。这是一个艰巨的挑战，需要花几个月的时间去准备，但这会让你充满活力。你愿意选择困难的事情，是因为最后的结果在激励着你。

但像你这样优秀的人毕竟属于少数。对于大多数人来说，当煎锅里的培根滋滋作响，香味扑鼻时，我们很难选择跑马拉松。想要实现一个远大的目标，我们就必须学会做短期选择，这可能会让人感觉有些痛苦。

这就是为什么我们要去健身房或者坚持晨跑的原因。这些事情坚持下来并不容易，但这是我们到达终点必须付出的代价。

运动很难，吃吃喝喝却很容易。

至于我嘛，我可不愿意跑步，我更喜欢吃培根，因为此时此刻，培根令我愉悦。但如果我的目标是跑完马拉松，那么这个选择就错了。大多数选择都没有明显的后果。当眼前的快乐足够强烈时，人们很难抗拒，因为它的结果似乎太遥远。正如詹姆斯·克利尔在书中写的：“好习惯是现在要付出，坏习惯是付出将来。”

假如我们每吃一片培根就会立刻长胖 10 斤，事情会怎样呢？

就算特别喜欢吃零食，这种立竿见影的后果也会让我们避免吃。但由于这种影响是滞后的，我们通常会选择轻松的事情，而不是艰难的事情。

每个人都想快乐和舒适，我们天性如此。追求幸福的过程，就是我们在“眼前的快乐”和“将来的快乐”之间不断地寻求平衡的过程。我们想要对自己感觉满意，于是每个人都本能地拼尽全力追求那美好的一刻。

就讨好别人而言，关注别人的需求很容易，因为对方当时给予的积极反应会让我们感觉很好。这就是为什么把注意力转移到我们自己的需求上会让我们感到不舒服，但这才会引导我们走向一个健康的未来。

让我们来思考另一个问题：自由大概是什么样的？

到目前为止，我们已经简要地介绍了什么是讨好别人，以及人们是怎么变成这样的。一味地讨好别人显然是一种不健康的状态，本书大部分内容将详细探讨如何“疗愈”，要利用我们讨好他人的欲望，同时变得心态健康。不过，我们在开始这段旅程之前，先认准方向，对我们的目的地有一个清晰的认识。

从对自己形象的持续关注中解脱出来是什么感觉？如果我们的内心足够安全，能够轻松自在地对待别人，而不需要别人认可，那感觉会怎样呢？

这就像是我们准备进行一次横穿全国的自驾游。第一步是要确定最终目标。我们在全球定位系统里输入目的地，然后会得到几条不同的路线，有最快的路线，还有风景最好的路线。但如果我们没有一个明确的目标，这些都是白搭。

我们讨好别人，是因为我们想感受自己的价值。不知怎么的，我们开始求助于他人来满足这样的需求。要是别人喜欢我们，我们就觉得自己是有价值的。这样一来，我们必须时时刻刻让别人开心，才能源源不断地找到自我价值。

下面是不健康的讨好者的典型模式：

- 对自我价值感的需求。
- 从别人的评价中获取这种自我价值。
- 成为别人评价的奴隶。
- 迎合别人是为了自己的利益，而不是他们的利益。
- 深陷其中，感觉被困。

下面是我们将在本书中学到的另一种模式：

- 认识到对自我价值感的需求。
- 意识到自己是独一无二的，从内心深处获取价值。
- 倾听别人的意见，但不用别人的意见来苛责自己。
- 与人交往，要考虑别人的利益，而不是只顾自己。

- **找到自由。**

让我们投入这段旅程，去了解在生活中讨好别人到底是什么样子的，对我们有哪些影响。

1

我们是怎么走上这条路的？

当一个讨好者死去时，他眼前闪现的是别人的生活。

——无名氏

你去一家百货商店里闲逛，购物，享受周末。当走过一条通道时，你瞥见了镜子里的自己。你吃了一惊，不敢相信自己的眼睛。什么！我看起来是这个样子？这显然不是你所期待的，我有这么胖吗，衣品有这么差吗，发型也太显老了吧，这张脸没法看了……你开始自言自语，不停地打击自己。

这太糟糕了——我真糟糕。

别人看到的我，就是这个模样啊，他们也会反感的。

真不敢相信，我邋遢成这个样子。

我看上去丑极了！

我是怎么蠢到一步一步走到这个境地的？

我要节食减肥、做美容，要不干脆整容算了，这样我才能改变。

今天我只吃芹菜！

你没有打腹稿，这种反应只用了几秒钟就发生了。一分钟前你还在开开心心地逛街，压根都没想过这些事情。几秒钟后，你对自己的看法完全改变了……这全都是因为一面镜子，镜子变成了一个触发器。

你感觉很糟糕，经过美食区，你闻到刚刚出炉的、热乎乎的肉桂卷的香味，觉得吃一个会感觉好一些，于是你买了一个。它不愧是“安慰食物”啊！你咬了一口，心情马上舒适多了——但随后你就意识到自己在做什么。你感觉更糟了，因为你还没开始吃芹菜就违背了承诺。

迄今为止，在你的人生中，你早已懂得，镜子是鉴定事实的工具。清晨起床，你就对着镜子精心拾掇，确保把自己理想的形象呈现给别人；买衣服的时候，你在试衣间里对着镜子看试穿效果；公共卫生间的洗手池上方都有镜子，这样你就可以对着它调整自己的状态，准备好重新走向人群。

我们从不质疑镜子，我们相信它。我们从来不会说："哇！我看起来才不是这样呢，这面镜子一定有问题！"我们认为反射成像是分毫不差的。

我们刚出生不久就形成了这种观念。研究表明，婴儿在 18 个月左右就开始在镜子里认出自己了。但他们并不会用镜子来批判自己，他们只是在想："嘿，那就是我！"当有人说"你真是个好看的小孩"时，孩子会本能地去照镜子，想知道好看是什么样子的。

随着时间的推移，我们开始把镜子当成一种工具，用来分析别人告诉我们的话。如果有人说"你额头上有一个黑色污迹"，你就去照镜子，看看是不是真的。如果是真的话，你会把额头擦干净。

当我们还是孩子的时候，我们认为镜子里看到的都是真的。随着年纪越来越大，我们就越来越愿意拿镜子里的模样和自己想要的模样做比较。如果匹配的话，那就好。如果跟自己想要的不一样，我们就会泄气。

但如果镜子是错的呢？

把别人当作审视自我的“镜子”

很多乡镇集市上都有一种被称为“奇幻屋”的小型儿童乐园，里面摆设着一些吸引孩子的玩具和娱乐设施。大多数奇幻屋里都贴满了镜子，这些镜子都是扭曲的：有的镜子让我们看起来又高又瘦；有的镜子让我们看起来又矮又胖；有的镜子使我们的身体变大，头却像乒乓球那么小；有的镜子会让我们的脚看起来和汽车一样大，而身体的其他部分看起来像一个火柴人。我们看到这些情况会哈哈大笑，因为很明显镜子是扭曲的，这不是真实的我们，也不会让我们难过得想要吃肉桂卷。

问题是，当我们还是孩子的时候，我们就学会了把别人当作镜子。我们相信别人对我们的反应。别人说一些关于我们的事，我们就认为是正确的。不管是关心还是讨厌我们的人，我们都把他们的观点当作事实。如果开始相信别人的意见就像一面真正的镜子那样准确，我们就会让他们取代那面镜子。如果不能及时认识到这一点，我们就会带着这种思维模式一路走向成年。

事实上，别人的这些观点可能就像奇幻屋里的镜子一样，其中的扭曲应该是显而易见的，可我们却忘记了这一点。我们对自己的看法开始取决于别人怎么想，或认为别人怎么想。

这就更麻烦了：他们可能并没有说我们，甚至都没想过我们的事情，但我们认为他们在说我们。我们把自我印象投射到他人身上，认为如果他们看到我们做的事情，他们肯定会用我们评价自己的方式来评价我们。

假设我正在学习垒球运动。我不擅长接球，就会想：我接球真的很差——每次失球的时候，我都让球队失望了。它变成了我眼里的事实，我确信不疑。其实没有人说什么，但我认为别人在这样想。我以为别人会说："你真的不会接球，你让我们失望了。"我还会越想越多，以为别人会觉得我太差劲了，不想让我待在球队里。

没有人说过这些话，但我们把这些强加到他们身上，然后把他们当作镜子——然而正是我们自己制造了镜子。当别人看着我们的时候，我们以为他们看到的，正是我们看到的，他们思考的，正是我们所想的。如果我们对镜子里的自己非常不满，我们相信其他人也一样。

我家浴室里有一面放大镜。我和太太称它为"魂飞魄散镜"，因为它让我们看到了在普通镜子里看不到的细节。它一丝不苟地展示我们脸上的每一处小瑕疵，我们想忽略都很难。可是，如果我们看着那面令人魂飞魄散的镜子，就以为其他人也都在以那种程度的细节审视我们，事情就麻烦了。吹毛求疵的时候，我们总是会消极地看待自己。

这一切从很早就开始了

婴儿出生时几乎不具备任何能力，他们不能养活自己，不能满足自己的基本需求，必须有人替他们做这些事情，否则他们将无法生存。照顾、满足孩子的这些需求并不会让我们感到难过，因为我们了解成长的过程，帮助孩子踏上人生道路是我们的义务。

随着时间的推移，孩子们开始学习自己做事情。我们并不奢望孩子能出人头地，但他们自然而然地会不断地学习新技能、尝试新事物。作为父母，我们会继续陪伴并帮助他们，但他们逐渐学会了如何满足自己的需求。

在接下来的几十年里，我们一边养育孩子，一边期望他们掌握越来越多的能力，早日自力更生。随着孩子不断地成长，我们的帮扶就越来越少。我们逐渐放手，让他们为自己负责，打理自己的生活。对孩子们来说，他们的目标是融入社会，能够做出正确的选择，满足自己的需求。

当然，有些人生来就存在某些生理、心理或情感上的障碍，需要不同程度的护理。但对其他人来说，成长过程是意料之中的。他们的“镜子”关注的是内在真实的自我，而不是外在别人的评价。他们从自己的内心而不是别人的意见中寻找安全感。这是自然而然的成长过程，也是健康的。

健康的成长过程是一个人安身立命的坚实基础，在此基础上，人们才能够以自然、健康的方式去接触和帮助其他人。他们不指望依赖别人来建立自我意识，他们可以轻松自在地与人交往而不期待任何回报。他们能够清楚地认识自己，这使得他们也可以正确地看待别人。

有些人没能很好地完成蜕变：或许他们没有学会养活自己的本领，直到长大成人也无法自食其力；或许他们所处的环境只教会他们思考什么，而不是如何思考，所以他们缺乏辨别能力，无法自信地做出选择。

在孩子的成长过程中，情感发展领域可能是最具挑战性的。健康的人在成长过程中学会认可自己。他们能够认识到，他们的价值在于他们是谁，而不仅仅在于他们能做什么。他们是在一种被接纳的氛围中长大的，而不是在一种需要表现的环境中长大的。他们的“镜子”关注的是内在真实的自己，而不是别人的看法。他们有内在的安全感，因而能够客观地分析别人的看法，这份从容淡定就是他们分辨事实的标尺。

大多数人在这方面都遇到过困难。在成长的过程中，我们都有过与他人对比相形见绌的经历，这让我们感到自己不够优秀。如果内心有足够的安全感，我们就能辨别这些信号是否准确。但是，如果缺失了基本的安全感，我们就会看向错误的“镜子”。如果自己的“镜子”罢工了，我们只好借用别人的“哈哈镜”来判断是非正误了。

最近，当人们问我：“你在写什么？”我会说：“我正在写一本关于讨好者的书。”而他们十有八九给了我同样的回答：“天哪，我正好需要呢！”当我问他们具体原因时，他们会这样说：“我就是一个十足的讨好者，我总是顾忌别人的想法，舍弃自己的真实需求去讨别人开心。”很多人都陷入了这种模式，他们渴望能够找到自由。但这很难改变，他们看不到任何出路。

奔向自由的路

正如我在前面简要提过，我研究过的大多数书籍和文章都聚焦于做一个讨好者是多么糟糕。这些作者指出我们为了给别人留下深刻的印象而毁掉了自己的生活，披着伪装，时刻保持警惕，压抑情绪，把自己消耗殆尽。

这些书无一例外地告诉我们，不要再费劲让别人快乐了，把所有精力都用在自己身上，别人开心不如自己开心。听起来不错，但做起来太难。如果我们推翻前半生的模式，转而关注自己而忽略他人，那么我们在生活和人际关系中就走上了另一条道路——自私自利。到那个时候，我们想要快乐，但发现自己已经成了孤家寡人，快乐成了更遥远的奢望。这就是“专注于自己”带来的结果。

我们有没有可能从内在找到安全感？如果我们可以透过一面准确的“镜子”看清自己的内心，并接纳自己，会发生什么呢？

这个过程可以分为两个阶段：

1. 从我们自身的特质中找到自身的价值，而不是用别人的看法来评判自己。

2. 发挥自身的独特性，从帮助别人中找到自身的价值，而非讨好。

我们不会为了让自己的感觉好一点，才去对别人好；我们对别人好，是因为我们本来就自我感觉良好。

假如我们的内心足够强大，能够正确认识自身价值，有足够的安全感，那么我们也不必视讨好他人如毒蛇猛兽。相反，我们可以将自己这方面的特性当作有力的工具，去影响他人的生活。

我们如何才能做出这样的改变呢？首先，我们需要辨别自己是哪一类讨好者，这样我们才能决定采取什么行动。我们需要认识真正的自己，以及这个“真正的我”对于未来的意义。

2

我是哪一类讨好者？

你没有必要燃烧自己去温暖别人。

——无名氏

当讨好者的时间越长，你就越不容易意识到这一点。因为一直以来都这样，你会感觉一切正常。如果我问：“你是一个讨好者吗？”你可能会不假思索地回答：“不是啊。”

这样回答可能有两个原因：

你知道自己是一个习惯于讨好别人的人，但你不希望我对你有负面的看法，所以不承认，即使你知道事实就是如此。

你不知道自己是一个讨好者。讨好别人是你生活的一部分，你没有意识到自己在做什么。这就是你的特性，你无法想象还有其他的选择。

这就像房子，你知道它就在那里，但除非房子出了什么问题，否则你就不会想起它。

这些年来，每次我们购买房子，在签署最终的合同之前，我们都要仔仔细细地检查一遍，总能发现一大堆需要整改的问题。

“踢脚板太过时了，我们要赶紧换一下。”

“这些铰链都生锈了，必须换掉。”

“车库门已经老掉牙了，可能会有危险，我们要换一个。”

待到终于搬进去了，收拾行李安顿下来的时间似乎总是比预期的要长，然后我们就要把精力重新放到工作上，继续生活。所有那些搬进来之前我们觉得迫切需要处理的事情似乎也没有那么迫切了，我们很快就把那一摊子事抛之脑后。

不合时宜的踢脚板、锈迹斑斑的铰链和坏掉的车库门还在那里，只是我们已经习惯了，再也没有注意这些问题的存在。

对于那些早已习惯讨好他人的人来说，这是一种常见的模式。当我们还是孩子的时候，我们努力寻求他人的肯定和认可。如果没有得到赞美，我们就想方设法引人注意。一旦发现哪些花招管用，我们就反复使用，直到形成习惯。随着时间的推移，我们对这些习惯性行为彻底上瘾，一时半刻都离不开别人的表扬和肯定。

它是我们的安慰剂，我们还自欺欺人地说我们没有上瘾。

这是一个棘手的问题，毕竟，对做好人好事上瘾，似乎还挺高尚的。我们可以很轻松地为我们的行为辩护，因为从某方面看，结果是积极的。我们越是这么做，别人的感觉就越好。他们感觉越好，就越可能喜欢我们。他们越喜欢我们，我们就越喜欢自己。可是，喜欢自己并非他们的任务，而是我们自己的任务。

诚实地照镜子

任何治愈过程的第一步都是承认问题的存在。对于一个讨好者来说，这一点尤其具有挑战性，因为我们想要当个好人。但是“当个好人”和“希望别人看到我是个好人”是有区别的。第一种是健康的，出发点是对他人的真诚关怀；第二种是自私的，利用别人来满足自己的需求。

让我们从清楚地认识自己开始。我们要拿出“魂飞魄散镜”看清自己真实的动机。一旦我们能清楚而准确地认识自己，我们就能迈出治愈的第一步。

下面的测试旨在衡量你讨好他人的程度。请阅读每个问题并快速回答，不要思考太久。如果你是一名讨好者，这一点尤其重要，因为关于“应该”说什么，你早已练就了一套深思熟虑的反应模式。

重要的是，请尽可能诚实，要知道这次问答的目的是清楚地认识自己，而不是要给别人留下深刻印象。

不要在心里默算你的分数，拿一张纸，按照编号 1—30，依次写下你对每个问题的回答。这样你就可以回过头来看看哪些特定的问题最具启发性，以及你想把精力集中在哪些方面。如果你是一名讨好者，你可能会担心有人看到你的答案会看轻你。所以我建议你找一张纸把它们单独写下来（而不是写在这本书上），写完之后，你可以把它丢进碎纸机。

请为下列每道题圈出你的答案。

1. 你是否经常感到焦虑、抑郁、头痛、胃不舒服或者背痛？

一直如此□　经常□　有时□　很少□　从不□

2. 遇到问题时，你会回避冲突以免被别人指责吗？

一直如此□　经常□　有时□　很少□　从不□

3. 人们会说你是他们见过的最好的人吗？

一直如此□　经常□　有时□　很少□　从不□

4. 你是否把消极情绪隐藏在心里？

一直如此□　经常□　有时□　很少□　从不□

5. 当你其实想拒绝的时候，你会说“好的”吗？

一直如此□　经常□　有时□　很少□　从不□

6. 你是否会因为担心别人生气而放弃自己的权益？

一直如此□　经常□　有时□　很少□　从不□

7. 你常常想知道别人怎么看你吗？

一直如此□　经常□　有时□　很少□　从不□

8. 你小时候因为发脾气而受到过惩罚吗？

一直如此□　经常□　有时□　很少□　从不□

9. 你认为自己是一个完美主义者吗？

一直如此□　经常□　有时□　很少□　从不□

10. 说“不”的时候，你会感到内疚吗？

一直如此□　经常□　有时□　很少□　从不□

11. 你不愿写日记是因为害怕万一被别人看到吗？

一直如此□　经常□　有时□　很少□　从不□

12. 你很难开口向别人求助吗？

一直如此□　经常□　有时□　很少□　从不□

13. 你允许访客停留的时间比他们应该停留的时间长吗？

一直如此□　经常□　有时□　很少□　从不□

14. 别人没有对你的付出表示感谢，你是否觉得受到了伤害？

一直如此□　经常□　有时□　很少□　从不□

15. 你是否因为担心被拒绝或被误解而撒谎？

一直如此□　经常□　有时□　很少□　从不□

16. 你埋怨自己过去的选择并且让过去的事很难过去吗？

一直如此□　经常□　有时□　很少□　从不□

17. 你会隐瞒自己的感受吗?

一直如此□ 经常□ 有时□ 很少□ 从不□

18. 你是否被看上去永远干不完的任务清单压垮?

一直如此□ 经常□ 有时□ 很少□ 从不□

19. 你很难自己做出决定吗?

一直如此□ 经常□ 有时□ 很少□ 从不□

20. 就算不是你的错,你也会道歉吗?

一直如此□ 经常□ 有时□ 很少□ 从不□

21. 你是否觉得自己陷入了讨好他人的陷阱,而且越来越糟?

一直如此□ 经常□ 有时□ 很少□ 从不□

22. 当别人不同意你的意见时,你会妥协吗?

一直如此□ 经常□ 有时□ 很少□ 从不□

23. 你会为了讨别人喜欢而刻意恭维别人吗?

一直如此□ 经常□ 有时□ 很少□ 从不□

24. 在工作上,你是否会早来晚归以博得别人关注?

一直如此□ 经常□ 有时□ 很少□ 从不□

25. 你会拿自己和别人比较吗?

一直如此□ 经常□ 有时□ 很少□ 从不□

26. 当有人抱怨某事时,即使你不同意,你也会保持沉默吗?

一直如此□ 经常□ 有时□ 很少□ 从不□

27. 你是不是只有知道自己十拿九稳的时候才去尝试?

一直如此□　经常□　有时□　很少□　从不□

28. 对你来说，付出比接受更容易吗?

一直如此□　经常□　有时□　很少□　从不□

29. 遇到低劣的服务或产品质量差，你也不会抱怨吗?

一直如此□　经常□　有时□　很少□　从不□

30. 你是一个注重形象的人吗?

一直如此□　经常□　有时□　很少□　从不□

按照下面的计分方式给你的答案打分，然后把分数相加：

- “一直如此” = 4 分
- “经常” = 3 分
- “有时” = 2 分
- “很少” = 1 分
- “从不” = 0 分

接下来，根据你的总分对号入座：

总分 91—120。如果你的分数在这个范围，说明讨好他人已经成为你的生活方式和身份特征。你可能还没有意识到这一点，但你很清楚自己的感受：讨好他人给你的健康、理智、情绪和人际关系带来了很大的伤害。你很依赖别人对你的看法。如果有人不重视你，你会认为这是你的错。结果，你可能会感到疲惫、焦虑，甚至沮丧。也许人们是喜欢你的，但你相信这只是因为你刻意塑造了他们欣赏的形象，他们只是喜欢你迎合的姿态。如果他们了解了真实的你，他们可能会改变看法。

这是身份认同阶段，在这一阶段，讨好他人是你生活中的第一要务，你用这种方式向大家展示了你是什么样的人。想换个风格做事，似乎是不可能的。幸运的是，有一些简单的方法，可以帮助你快速看到效果。在这本书中，你将学习如何成为“世界顶级讨好者”，当你发自内心地认同自己，拥有坚实的精神基础时，困扰你的这些问题都将迎刃而解。当你身心健康的时候，你完全可以轻松自在地讨好他人。

总分 61—90。分数在这个范围内，说明你并不是彻头彻尾的讨好者，可是你正走在与上一个区间的人会合的路上。很长时间以来，你常常刻意讨好他人，这些行为已经成为你观察他人的镜头。在生活中，也许有一些人是你可以坦诚相待的，不过他们只是例外。你通常受他人意见的支配，不管是他们真的发表了意见，还是你揣摩的。你所讨好的这些人，可能是生活中你最亲近的人，也可能是最令你不知所措的人，你可能会怨恨他们没有像你所需要的那样欣赏你。为了自己得到满足，你拼尽全力去讨好别人，这让你非常累。

这是习惯阶段。在这个阶段，你的选择将决定你是进入身份认同阶段还是步入健康的生活方式。幸而，朝着正确方向前进的选择很简单。在本书中，你会学到一些简单实用的步骤来立竿见影地改变你的人际关系。

总分 31—60。如果你的分数在这个范围，那么你还有相当客观的自我认知。你能够认识到自己有讨好他人的倾向，而且你也明白自己为什么要这么做。这仍然是危险的，因为当你隐藏真实的自己，表现出别人期望的形象时，你能够从别人那里得到积极的反馈。你得到的积极的反馈越多，你就越倾向于重复那样的选择，建立消极的行为模式。

这是常规阶段。现在是看清事实并采取行动的时候了。这是最容易治愈的阶段，因为你才刚刚进入一种不健康的人际关系，还属于早期阶段。你也会做出同样的选择来控制情况，不过，你有一个优势，那就是早早地发现了问题。你是一个热情、有爱心的人，喜欢帮助别人，但你需要学会诚实地看待自己的动机。

总分 0—30。你偶尔有讨好别人的倾向，但你有一种健康的自我认知。你不至于用别人的看法或做法来判断自己的价值，你有鉴别力，能够将批评作为建设性的反馈或意见来处理。即使有人认为你不体贴或不仗义，也不会影响你对自己的看法。

这是健康阶段。不过有些人就是知道你的软肋。你和其他人相处得都很好，但在某些情况下，面对某些人的时候，你还是会感到紧张。接下来，你将学会认识在这些情况下发生了什么，以及采取什么步骤来坚定自我认知和掌控情绪。

分数	阶段
91—120	身份认同阶段
61—90	习惯阶段
31—60	常规阶段
0—30	健康阶段

对症下药

看完自己的分数后，你有什么感觉？

看到自己真实的一面会让人感到不安，尤其是如果我们长期以来一直在欺骗自己的话。毕竟，我们一直将讨好他人当作一种防御机制，而且用起来得心应手。我们向别人展示自己精心设计的形象，自欺欺人的时间长了，我们自己也分不清真假了。

我在职业生涯的早期就发现了这一现象。当我演讲的时候，我会引用很多故事来阐述观点，其中大多数都来自我自己的生活经历。刚开始的时候，我会讲一个故事，然后注意听众的反应。如果反应平淡，我以后就不会用这个故事了；如果反应积极，我会一遍又一遍地讲。

我开始下意识地调整这些好用的故事，以收获更好的效果。故事还是真的，但我不断地修饰细节，以得到更好的反响。随着时间的推移，我的故事会越来越完美，影响力也越来越大。每次我讲故事的时候，我都会在脑海中描绘，简单重现那种场景。

有一天，当我讲述一个已经重复过八百遍的故事时，我一边说，一边在脑海中放映，忽然，我意识到：这个故事与原貌相差甚远，它已不再是真实的了。随着时间的推移，我已经习惯了新的版本，甚至相信它就是事实。但事实并不是这样的。

我相信的是一个虚构的“事实”。

从某种意义上说，我被欺骗了——而我也在欺骗别人。于是，我做了一个承诺，以后我所有的故事都要保持真实的面貌。这并不意味着我不能提升表达技巧，我只是想守住自己的真诚。

做这个关于“讨好者”的测试，有点像强迫自己赤裸着站在镜子前。你所看到的，可能是你不喜欢的，但是想要做出改变，就要先了解真相。

现在你要怎么办呢？我建议采取两个步骤：

- 仔细思考测试的结果，把注意力集中在对分数的解析上。弄清楚你到底是什么样的人，注意用现在时态。想一想这些描述在多大程度上符合你的情况，以及为了找回真实的自己，你可能会做出哪些改变。

- 回过头再看一遍你的答案。仔细审视你回答“一直如此”或者“经常”的那些问题，并思考这些问题是如何表现在你的生活中的。什么时候才是最真实的呢？当你能够承认这些事实的时候，你是什么感觉？

不要草草了事，花点时间去探索和反复审视这些问题。慢慢地，你会看清你现在的处境。你将对着一面诚实的镜子寻找真相，而不是哈哈镜。

然后按照你的方式读完这本书剩下的章节。我们会为你对症下药，让你回到健康的身心状态。最好的消息是，你会发现这些步骤出奇的简单——只要你从认识真相开始。

明白了自己与他人关系的真相之后，下一步我们要做什么呢？认识真相的过程让人难以承受，而且我们已经带着这种思维方式生活了大半辈子，如何才能找到未来的希望？我们怎样才能逃脱讨好者的身份，并找到幸福的人生？

首先你要对“未来的自己”有一个清晰的愿景。这为我们提供了一个方向，然后我们再一步一步走向这个目标。

3

如何鉴别自身的伪装

我要出发了，我要做我应该成为的人。

——无名氏

以下这些情况听起来熟悉吗？

• 拥挤的电梯里，你挤到门口，准备去大厅。门开了，你走了下去——但你发现自己走错了楼层，所有人都在看着。你是返回电梯还是等下一趟？

• 办公室的同事们准备给一位刚生完孩子的同事送红包，建立了一个在线众筹。你希望收到红包的人知道你捐了钱，但是这么一来，每个人都能看到你捐了多少钱。你本来打算给 10 元，但你注意到其他人至少给了 25 元。你会添一些钱吗？还是保持原计划的数额？或者是保持匿名捐款？

• 你刷信用卡买咖啡，店员滑动电脑屏幕，你就可以选择小费的金额。你觉得店员服务不是很好，想少给一点或者干脆不给，但他们当时就会看到你的选择。你知道他们正在看着，那么，你会坚持自己的意愿还是憋屈地点击较大的金额？

• 在一家小餐馆里，你进入单人洗手间并锁上门，发现里面一片狼藉。正在这时，有人晃动上锁的门把手，你知道外面有人在等着用洗手间。你不想让外面的人误以为是你弄脏的洗手间，可打扫又不是你的工作。你会怎么做呢？

• 你和朋友们选择了一家很好的餐馆，那里的甜点非常出名，你一直都想尝尝。但是，服务员询问需不需要餐后甜点时，其他人都说："不用了，谢谢，已经够吃了。"你还会点甜品吗？

这些情景有一个共同的主题：担心别人对自己的看法。我们愿意相信自己在这些情况下足够洒脱，但身处其中，我们很难做出自己真正想要的决定。

为什么呢？因为我们相信，如果这么做，别人会责怪我们，不管他们是大声说出来还是藏在心里。对于一名讨好者来说，这是不可接受的——几乎难以逾越。因此，我们避开这种令人不安的、冒险的谈话，不假思索地同意那些让我们几乎立刻后悔的事情。

正如罗伯特·奎伦所说：“我们用不必要花的钱去买我们不需要的东西，以讨好我们不喜欢的人。”这就像用我们的生活去赊账，现在做出无痛的选择，却要在遥远的未来付出代价。

我们只是对自己不够满意

我们都想要自我感觉良好，这是我们做一切事情的基础。如果我们感到自信和安全，才有可能放手去干一番事业。可假如我们感到自卑、没有安全感，就会陷入困境，止步不前。如果我们因为自己的表象和内心发生冲突而感到崩溃，那么生活中其他的一切似乎都行不通了。

当我们用别人的观点来形成自我评价时，我们相信他们对我们的看法。即使他们什么都不说，我们也相信自己知道他们心里怎么想，而且我们的揣测几乎总是消极的。

听起来是不是似曾相识？比起积极的东西，我们更容易轻信消极的东西。当有人说我们坏话时，我们把这些闲言碎语都当真了。但是，当有人赞扬我们时，我们会认为他们只是在哄我们开心，或者其实不了解我们。我们不仅不重视别人的肯定，反而过分强调别人的批评。

我们精心编制的伪装

所以，“棍棒和石头可以打断骨头，闲言碎语却伤不了皮肉”这句话是有问题的。我们可以从骨折中康复，但言语的创伤会影响我们一生。言语带来的伤害就像恶草一样，在一个人的灵魂深处扎根，它深深地影响着我们，它形成了我们在任何情况下的心态的基础。

我们认为让自己感觉良好的最好方式就是让别人喜欢我们，所以我们装扮出一个别人会欣赏的形象。我们放弃自己想要的，去满足别人的需求。我们把所有的精力都用在让别人觉得我们是有用的、有趣的，以及别人的一句称赞“嗯，这人不错！”上。

这就有问题了。我们不再为自己的幸福而努力，我们在为别人谋福祉。每个人的精力都是有限的，通常只够为自己努力。如果我们一门心思先人后己，试图让大家都快乐，必定筋疲力尽。

在成长过程中，我们并不明确怎么做才能让别人快乐。所以我们要找一个榜样，一个已经把这件事做得风生水起的人。于是，我们找到一个人见人夸的“万人迷”，研究他的性格，模仿他的言行举止。我们天真地想，要是我能像他一样，大家也会喜欢我。

渐渐地，我们放弃了做自己，开始变成另外一个人。

这就是恶性循环的开端。一旦我们说服了自己要成为不一样的人，我们就开始编造幻象。这些不是真的，但我们试图让其他人相信这是真的。我们处心积虑地模仿别人，最终迷失了自己。我们开始相信自己编造的故事，相信这个幻象。

这在短期内是有效的，人们看向我们的目光充满了感激和赞许。这感觉真的很好，但在内心深处，我们知道他们欣赏的不是真正的自己，所以，那些赞美也变得没有意义。我们能感觉到，如果别人知道了我们的真实面目，就不会再喜欢、认可我们了。我们套上了伪装，就不愿再脱下来了。

伪装的价值

伪装的生活很像兜里的假币。它不是真的，但看起来很像。它就在我们的钱包里，而我们却一直没意识到。但如果拿近点仔细看，我们就会发现它是假的，毫无价值。

当为了别人而塑造自己的形象时，我们也在磨炼自己的造假手艺。刚开始，我们技术拙劣，到处露马脚，就像用复印机打印的钞票。它看起来有点像真正的钞票，但我们几乎一眼就能看出它是假的。

因为我们的目标是瞒天过海，让人们相信我们表现出来的形象是真实的，所以我们要不断地练习，在造假技术上精益求精。我们知道怎么做能博得别人的好感，然后努力展现这样的形象。这些虚情假意的事情，我们做得越多，就拿捏得越到位，扮演得越逼真。我们不会说："你看我这个假象怎么样？"我们只是观察别人的反应，把别人当作一面镜子。我们把自我价值建立在别人的反应上，我们就像在使用假钞，还希望没人发现。

我们可以从伪装的特点中学到很多东西。

伪装者都是精密的工程师，而不是艺术家。他们不打算发挥创造性或表现力，没想过要改变钞票的颜色或图案装饰。他们只想仿造得惟妙惟肖，让别人误以为这是真的。有赝品就有正品，赝品的出现意味着正品的存在。显然，复制品不是原创，它只是复刻了原版，也就是说，真正的原版是存在的。如果说赝品是小说，那么真实的东西就是现实。这就像不愿去教堂的人会说："教堂里全是伪君子。"伪君子的存在说明了一个事实，那就是有真君子供他们模仿。

真品越贵重，赝品就越费时间。造假者要花更多的时间才能让 100 元的假钞看起来比 1 元的假钞更逼真。因为制造逼真的假钞需要花费很长时间，这就是为什么人们通常不担心低面额的钞票，便利店懒得过问 1 元钱，但是会仔细检查 100 元的真伪，因为后者的损失风险要大一百倍。真品的价值越高，仿冒的时候就越要仔细。这就是为什么当一名讨好者会让人筋疲力尽：我们需要处心积虑完善我们的伪装，让人们相信这是真心实意的。

要辨别赝品，就要研究真品。一位曾与我共事的银行主管告诉我，他培训前台柜员时，会让他们反复地触摸真钞。如此一来，职员们对真钞的感觉非常熟悉，遇到假钞，通常只要一摸就能辨别出来。

讨好者——高回报与高代价

也许你是一名讨好者，假如不是，你可能认识这样的人。但你不知道他们的动机，也不知道这种性格为何会榨干他们的灵魂，你只了解他们积极热情的模样。

- 他们是你所见过的最好的人。每次你遇到他们，他们都很积极乐观，令人鼓舞。
- 你不会经常麻烦他们为你做事，但从过去的经验来看，你知道他们有求必应，当你需要的时候，他们就会来到你身边。
- 他们总是对你的事情很感兴趣，却很少关注自己。事实上，如果你问关于他们的问题，他们会很快回答，然后又把话题转回到你身上。

- 他们很可靠，总是能按时完成工作。
- 他们乐于助人，总是第一个主动站出来提供帮助的人。而且往往还没等你开口，他们就已经察觉到你的需求，并主动伸出援手。

听起来很棒，不是吗？他们能给遇到的每一个人带来温暖，所以你自然而然地想要成为他们那样的人。如果我们自身缺乏安全感，他们就会成为我们想要模仿的榜样。没关系，只要这种渴望的出发点是健康的。这就是我们小时候常说的“长大后，我要像谁谁一样”，他们是为人处世的典范。

但我们只看到了表象，没看到他们内心的波澜，对于不健康的讨好者来说，他们内心往往隐藏着阴暗面。

- 在工作上，他们从不错过截止日期，但他们实际上可能也有拖延症，顶着很大的压力才完成项目。
- 他们打算照顾自己，却还是把别人摆在了自己的前面。
- 他们认为自己不值得别人的爱和接纳。
- 可能很多人（甚至大多数人）都喜爱他们，但这还不够。即使有一个人不认可他们，他们也要竭尽所能让那个人改变看法。
- 他们会竭尽全力维持人际关系，如果他们感到有人不喜欢他们，他们会抛弃自己的底线。

- 只要为自己做事，他们就会感到自私。
- 他们并不喜欢自己这么让步，也不喜欢和他们相似的人（他们认为那些人很软弱）。
- 他们丧失了自我认同感，因为他们把真实的自我隐藏得太久了。
- 他们是撒谎大王和伪装专家，因为他们需要隐藏自己的真面目。
- 他们往往是循规蹈矩的完美主义者（至少表面上如此）。
- 一旦有人对他们不满意，他们就觉得自己很失败。

《城市词典》（解释英语俚语词汇的在线词典）将“讨好者”定义为：“认为自己不如地球上的大多数人，并且需要对所有与自己接触的人隐瞒这种想法的人。”因此，我们呈现给别人的形象就像好莱坞大片，那些场景看起来美轮美奂，但其实都是脚手架撑起的建筑。它们看起来气势恢宏，但根本无法遮风避雨。我们知道人们要的就是场面，而不是实用性。

我们都想被别人接受，并且竭尽全力去实现它。

我们都渴望被别人接纳，于是竭尽全力去实现它。

这一点从购物活动中就能看出，我们把更多的钱花在汽车、衣服和俱乐部上，期望给别人留下深刻印象。

可是，别人也在忙着这么做，他们可能没空注意我们。

第二部分

我们在害怕什么？

我需要人们喜欢我，

所以我要让他们和我在一起的时候一直快乐。

近几年，密室逃脱成了一种很流行的集体娱乐活动。人们来到一个地方，被关进一个主题房子（牢房、洞穴、手术室，等等），必须在一定的时间内找到出路。逃生方案从来都不会让人一眼看穿，必须团队成员相互配合才能逃出来。他们到处探索，搜寻线索，破解谜题，找到逃脱的“钥匙”。

开始的时候，所有人都一筹莫展。即使过去了三四十分钟，往往还是一点线索都没有。一些团队成员在任务的激励下勇往直前；另一些人则放弃了，认为没有希望了，他们认输了，一直等到比赛结束有人来接他们。

其实总有出路的，只是不那么容易而已，需要谋略以及团队合作。

这和讨好别人没什么不同。大多数讨好者一辈子就是这样过的。他们被困在一个叫作生活的密室里，在里面兜兜转转，游戏永远不会结束。他们看到其他人找到了解决办法，但他们觉得自己陷入了绝境，放弃了逃脱的希望。他们不喜欢这个游戏，但停不下来。他们想出去，却不知道怎么找到出路，恐惧使他们不敢尝试。

讨好者害怕的是什么？让他们恐惧的事情可能很多，但以下是他们最害怕的五件事：

1. 我需要你喜欢我：害怕被拒绝

2. 我需要你别生我的气：害怕冲突

3. 我需要你关注我：害怕被忽视

4. 我需要你肯定我：害怕自己不够好

5. 我需要你离不开我：害怕自己不重要

我读过的每一本关于讨好者的书几乎都会说，我们应该关注自己的需求，而不是别人的需求。在某种程度上，这是可行的。

但这种思路是治标不治本，忽视了真正的问题。如果我们认定讨好他人的倾向是需要斩草除根的恶习，那么我们就会以抹杀同情心为代价来让自己感觉更好一点。

如果不采取措施去应对这些恐惧，就好像我们的地下室里有蟑螂一样。我们可以把地下室的门关上，密封起来，这样它们就不会跑进厨房了。我们打扫、布置房子，举办晚宴，但我们知道，在黑暗的地下室里，蟑螂家族也在歌舞升平，我们一直担心它们会找到其他通道钻进房子。

唯一有效的办法是首先处理真正的问题，也就是理解并摆脱那些使我们陷入困境的恐惧，这是我们的逃生之路。一旦我们找到了自由，我们就可以成为世界一流的讨好者。因为那时候，我们不再被自己的恐惧束缚，就能够深刻地影响他人的生活。

健康的讨好者可以改变世界，首先要从对付"蟑螂"——让我们陷入困境的恐惧开始。一旦让阳光洒进来，它们就四下逃散了。

一些问题可以通过理解它们并做出不同的选择来解决，另一些问题可能需要专业的“灭虫师”，即心理咨询或治疗师来解决。

让我们一起打开门，看看地下室里有些什么。

我带杀虫剂，你拿手电筒，是时候解决这些虫子了。

4

我需要你喜欢我：害怕被拒绝

不要害怕你内心的恐惧，它们不是专程来吓唬你的。恐惧的存在是用来提醒你，有些事情是值得的。

——C. 乔贝尔 C

高中时，我邀请一个不太熟悉的女孩参加返校节，她拒绝了。

这不符合我的性格，因为我对拒绝很敏感（或者至少感觉上是这样）。除非我确定对方会答应，否则我从不冒险。在成长过程中，我有过几次被拒绝的经历，那滋味非常痛苦，我不能冒险让它再次发生。

但是我的生活索然无味，我很少遭受拒绝，但几乎也没有品尝过成功。没有痛苦，也没有收获。

也许，这就是我那次冒险的原因。一方面，我很害怕她会因为我的请求而嘲笑我；另一方面，我必须试一试。我知道她是不会跟我一起去的，但如果我不问，我就是在替她做决定。

我鼓起勇气拨了她的电话，我不记得我都说了些什么，但大概是一次很尴尬的邀请。我还清楚地记得，当时我强撑着忐忑的心情，几乎不抱希望地等待着她的答复。

她说不行。但她拒绝得很得体，一点也不伤人。她说已经和家人计划好了，在橄榄球比赛后出去玩，她非常感谢我的邀请。这应该只是一个借口，但她一向诚恳，所以我就以为她说的是实话。

然而，这样婉转的拒绝并不常见。被拒绝通常是痛苦的，而且这种疼痛会持续很长时间，有些情况下甚至会伴随人的一生。因为害怕被拒绝，我们踌躇不前，不敢去追求梦想。我们变得麻木，随波逐流，因为我们不想再次感受那种痛苦。

这也是我们成为讨好者的原因之一。一想到可能会被拒绝，我们就觉得不能忍受，所以要确保没有被拒绝的理由。于是我们经常采用下面两种方法：

- 我们从不提任何要求（所以别人不会说不行）。
- 无论别人提什么要求，我们总是答应（这样他们就不会失望）。

用平常心看待拒绝

被拒绝通常不会阻止我们去冒险，绊住我们脚步的是害怕被拒绝。困住我们的不是现实，而是可能性，它盘桓在我们的脑海里。我们以怎样的方式看待自己，就假设别人也有同样的感觉。我们变成了业余的读心术大师，其实毫无事实依据。

被拒绝是生活中很正常的一部分。不是每个人都会答应我们的要求，而且在尝试向别人提出请求的时候感到紧张是很正常的现象。求职时，我们可能会被拒多次才能找到工作；做推销时，我们要打很多电话才能把商品卖出去。

对于身心健康的人来说，他们学会了处理被拒绝带来的失望。对于一个讨好者来说，被拒绝可能成了对他们个人价值的一种贬低。把别人当作辨认事实的镜子，我们就会受他们的意见的支配。当别人拒绝我们的奉献或请求时，在我们看来，他们不仅仅是在说“不行”，还是在批评我们的人格。

如果我们能够重新定义拒绝，我们就能学会接受这种失望的感受，然后继续前进。我们不再因为被拒绝而消沉，这只是成长过程中的一段经历。

多年前我读过一篇文章，说的是有一个男人想要成为一名作家。那个年代还没有互联网和电子邮件，需要通过普通邮件投稿，你要自付邮资并且写清楚回信地址，这样就可以等待编辑的回复了：要么是一封录用函，说你的文章被采用了；要么是一封退稿信，通常是预先打印好的一张纸条，说他们不打算要你的稿子。

这个人确信自己的文笔不行，永远不会有编辑录用他的稿子。但他决定把这当作一种游戏，看看将自己的作品寄给编辑，到底能收集多少退稿条。每次收到退稿条，他都把它粘在书房的墙上。他的目标是用退稿条贴满整个书房。

他把自己的第一篇稿子寄给了一位编辑。大约两周后，他收到一封礼貌的退稿条，他立即把它粘在墙上。他陆续向不同的杂志投稿，而一直被拒绝。刚开始几个月，他的墙上就贴了七张退稿条，对此他还挺满意的。他写作的劲头比预期的还要好，并且愈挫愈勇。

但不可思议的事情发生了，一位编辑收下了他的稿子。这对他的游戏计划是一次打击，但他试着把这看作是暂时的小挫折。不过，编辑部又给他寄来了稿费，他感觉好多了。他继续投稿，又被拒绝。但仅仅六次尝试之后，他的稿子又被录用了。

你可以猜到结果，对吧？他持续投稿，不断被拒绝。但与此同时，他通过“写作—投稿”的练习，写作水平得到了提高。他收到的录用函越来越多，退稿信却越来越少。他一直没能完成他的“退稿条贴满墙”的计划，在接下来的职业生涯里，他成为一名全职自由作家。即便如此，他还是会时不时地收到退稿信。这并不能说明他是个失败者，这些信表明他一直在努力，这是一个人走向成功的自然组成部分。

在我的职业生涯中，我也收到过不计其数的退稿信，直到今天也依然如此。一开始我觉得很难接受，因为对方会说一些类似于：“谢谢你来信投稿。抱歉的是，这篇文章不符合目前我们编辑的需要。”包括我自己在内的大多数作家，都把退稿信解读成：“你是一个糟糕的作家，你以后永远都别再投稿了。”这封信只是拒绝了我的作品，我却把它当作拒绝了我这个人。

如果我们学会把被拒绝当作别人意见的一种表达，而不是对我们自身人格的评判呢？被拒绝将不再是一件需要害怕的事情，因为这只是别人的一种看法。只要我们认识到，“拒绝”这件事反映的是他们的观点，而不是我们的，那么，即使别人不认同我们的做法，我们也可以自由地做自己。我们倾向于将自己的行为与自身人格联系起来（如果别人拒绝了其中一个，他们也会拒绝另一个）。其实，通常在别人看来，这二者是分开的。

这是否意味着，当别人拒绝我们时，我们不该伤心？完全不是。痛苦是人生历程的一部分，这很正常。经历痛苦是健康的，可是避免生活中不可避免的拒绝才是不健康的。

操纵和害怕说“不”

这就是棘手的地方。当我们为了避免被拒绝而讨好别人时，我们以为这是在保护自己。事实上，这种做法会导致我们很容易被别人操纵。他们知道我们总是会说“好的”，所以在向我们提要求时，他们会采用一种如果我们拒绝，会让我们感到内疚的方式。

“看看谁才是我微博上真正的朋友，想要保持联系的话，就给这篇帖子点赞！”

“在这个婚宴上，我们想录一段关于婚姻建议的视频送给新娘和新郎。我们会依次给每一桌拍一段视频，想想你准备说什么。”

“周六你能帮我搬家吗？我的家人都帮不上忙，他们特自私，可我知道我总能指望你，好不好？”

我们答应时往往会感到愤懑，因为我们真的不想这么做，而且我们也气自己没有骨气捍卫自己。这是一种没完没了的恶性循环，我们觉得自己被困在了自己的弱点里。

在我们做出回应之前，应该先检查一下自己的动机，问自己一个问题：我是真的想这么做，还是想让别人看到我这么做？

当我们害怕被拒绝而不敢尝试的时候，我们以为是在保护自己远离痛苦，但这样做的代价要高得多。

- *我们错过了很多让生活大放异彩的好机会。如果不能承受*

一定程度的风险，我们就会裹足不前。正如那句老话，“不入虎穴，焉得虎子”。

• 我们把自己的见解埋在心里，因而也没有机会影响别人、帮助别人塑造思维。

• 我们不与家人或朋友分享真实感受，导致最亲密的人也变得疏远。

• 每个人都可以对我们“呼之即来，挥之即去”，别人向我们索取太多，我们的内心就会积攒怨气，久而久之，成了亲密关系的障碍。

• 为了不受伤害，我们远离人群。随着时间的推移，我们越来越孤独，因为我们筑起了一堵无形的墙，把自己与外界隔离开来。

• 我们忘记了活在当下。这就像相亲，我们只顾琢磨自己看上去怎么样，对方喜不喜欢自己，却没顾上去享受邂逅的欣喜。

关键是，你要有意识地关注自由是什么样子的，奇迹就出现在“可能带来痛苦”与“值得为这份痛苦去冒险”之间的某个地方。如果我们能把被拒绝重新定义为一种促进成长的工具，渐渐地，我们就可以学会承受这份痛苦。我们越是这样做，对自己就越有信心。当我们的信心足够强大时，它就会帮助我们建立真诚、纯粹的人际关系。

从过去的痛苦中挣脱

如果你感受过被拒绝的刺痛，那你以后大概再也不愿意面对它了。如果有人辜负了你的信任，你很容易为了自我保护而不再信任别人。学会将被拒绝正常化，并不能将过去的痛楚一笔勾销，但你不一定要放任这种痛苦左右你未来的选择。你完全可以开辟一条新道路。应该怎么做呢？这里有一些简单的建议：

1. 人的心灵知道如何疗伤。当你受伤的时候，花点时间去悲伤，但要记得向前看，走出来。你可以沉浸在痛苦之中，做一些必要的事情来充分表达你的悲伤，然后在适当的时候，投入到治愈过程中。

2. 被拒绝不会击溃你，但后悔会。拒绝是生活中经常发生的事情，而后悔是一种贯穿一生的心态。我们意识到后悔时，往往已经太晚了，只有当遭遇拒绝时，我们能以一种正确的态度看待它，才能避免后悔。正如美国西奥多·罗斯福总统所说："失败固然痛苦，但更糟糕的是从未去尝试。"

3. 我们的生活是建立在我们的思想、感情和行动之上的，不要被想法和感觉支配生活。你可以思考恐惧和感到害怕，但你仍然可以勇敢地行动。

4. 相信自己承担重大风险的能力，你比自己想象的要强大。

5. 只要你能“从哪里跌倒，就从哪里爬起来”，被拒绝就会让你离你想要的更近。永远要有不怕跌倒的心态，就像弗兰克·辛纳屈唱的那样：“深呼吸，振作起来，拍拍身上的灰尘，重新启程。”

6. 如果你需要别人喜欢你，承认你有价值，你就是在仰视他们。如果你学会从自己的内心寻找认可，你就把自己和他人放在同一水平上，而不必仰视或俯视别人。这才是真正健康的人际关系。

你也许大半辈子都在小心翼翼地避免被人拒绝，感觉自己没有改变的希望了。好消息是，改变是可能的，不是通过当受气包，而是通过看清拒绝的实质，重新认识拒绝这件事。当然，被拒绝的时候你会感到痛苦，不过，运动锻炼也是一样啊。如果能够正确地看待它，痛苦反倒能够教会我们如何正确地讨好他人。

害怕被拒绝可以使我们远离痛苦，但也可以导致我们远离多彩的生活。我们可以从心理上做出转变，把注意力集中在风险的另一面——成功的希望。美国前参议员罗伯特·福斯特·贝内特说得很好：“人们害怕的不是拒绝本身，而是被拒绝可能带来的后果。准备好接受这些后果，把拒绝视为一种学习经验的过程，会让你更接近成功，这不仅会帮助你克服对拒绝的恐惧，也会帮助你欣赏拒绝本身。”

5

我需要你别生我的气：害怕冲突

关键时刻，冲突总是正确的做法。

——帕特里克·兰西奥尼

我一直很喜欢看魔术表演。我小时候就会一边看魔术师的表演，一边想他们是怎么做到的。我总是很困惑地看着明明不可能的事情就在我眼前发生。我的理智告诉我这不可能，但我无法解释我所看到的。虽然知道这不过是把戏，但我总是感到好奇。

我的一个朋友做了几年的专业魔术师。

他表演了一些相当惊人的魔术，而且从不肯泄露其中的奥秘。我问他："你是怎么做到以假乱真的呢？"

他回答说："我做不到的，其实是你在心里把假的加工成真的了。我研究过大脑的运作方式，然后利用了这一点。"他接着说，"玄机不在于魔术本身，而在于我知道你会如何看待正在发生的事情。"

他描述了人类的视觉是如何发生误读的。人们以为看到的东西都是准确的，但是，在一些事情上稍动手脚，就很容易扭曲一些人的认知。例如我们所熟悉的"缪勒－莱尔错觉"。

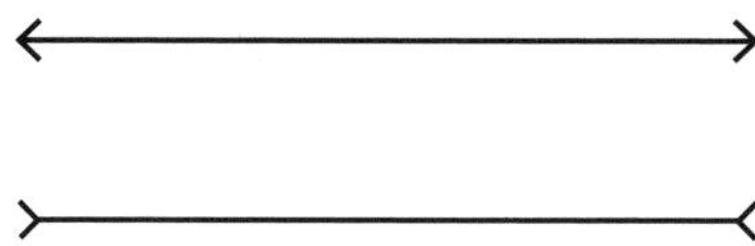

乍一看，我们以为这两条线长度不同，但实际上它们是相同的。

朋友告诉我，魔术师的大部分技巧都是基于大脑无法同时关注所有正在发生的事情，它会对信息进行优先排序，决定哪些是最重要的。当我们全神贯注这些东西的时候，会错过其他一些其实很明显但我们没有注意的东西。

魔术师是"欺骗"和干扰注意力的大师。讨好者亦是如此——尤其在发生冲突的情况下。

人们意见不合，情绪激动，放一个讨好者进去，事态就平静下来了。其实问题并没有得到解决，只是讨好者设法分散了人们的注意力，把大家的注意力转移到别的事情上。没有解决办法，只是平息了冲突（暂时）。

就这样，冲突像魔术一样地消失了。

不惜一切代价避免冲突

冲突往往是讨好者可能遇到的最糟糕的事情。冲突意味着风险，它威胁着讨好者的自我认同和价值，所以他们要尽力避免。以下就是这种模式背后的想法：

我的价值取决于别人的看法。

我需要人们喜欢我，所以我要让他们和我在一起的时候一直快乐。

冲突是快乐的对立面。如果发生争执，他们可能就不喜欢我了。如果他们不喜欢我，我的价值就岌岌可危。

我必须成为避免冲突的专家，以保障我的价值。

讨好者渴望亲密的关系，但他们往往将亲密定义为"无冲突"。他们维系亲密关系的策略是确保没有人会对他们感到不满。他们认为冲突是破坏关系最快的方式，所以冲突是不可接受的。

事实上，情况正好相反。通向亲密关系的捷径是正视冲突，拥抱它，并且把它作为加深关系的工具。回避冲突在短期内让人很舒服、感情快速升温，但这就像整天吃糖一样，很美味，久而久之，却会损害健康。

一位研究者发现“亲密关系中积极情绪的增加取决于亲密感的增强，而不是冲突的减少”，和我们希望用来加强关系的做法（避免冲突）恰恰相反。维系亲密关系最好的方法之一就是诚实地表达我们的感受。

不过你会说，我就是不喜欢冲突，这让我感觉很痛苦，我永远都做不到。幸运的是，你的这种想法只是一种心态，它困住了你，而且它是不准确的。正视冲突是一种可以学习的技能。你可以一步一步地练习，逐渐提升这种技能。在这个过程中，你会建立自信，同时还能以一种真诚的方式与他人建立更加亲密的关系。

如果你一直以来都在逃避冲突，那么让你突然去拥抱冲突，简直就像是让你在寒冬腊月去河里游泳。我们不是让你到处逞口舌之争，忽然变得令人讨厌。我们鼓励你稍微挑战一下自己，试试真诚地表达自己的看法，从这里开始转变。

我有一个朋友决心减肥，于是去了健身房。第一天，他选了他能拎起的最重的杠铃，用他最快的速度在跑步机上跑了几千米，他把健身房里所有的器械都试了个遍。

结果他浑身酸痛，好几天都不能动弹。那是他第一次也是最后一次去健身房。后来每次他考虑身材问题的时候，都会想起那次锻炼的感觉，他再也不想尝试了。

我们认为，他应该从小处做起，一点一滴地进步。健身的问题似乎显而易见，但如果将同样的道理应用到处理冲突中呢，这种痛苦不正是我们回避冲突的原因吗？在过去，我们已经吃过足够多的苦果子，足以劝退我们在未来继续尝试的念头。不过，健身不是问题，冲突当然也不是问题。这是我们的感知方式。我们铭记痛苦，回避类似的经历。其实，我们需要从小处着手。

不存在没有冲突的健康关系。没有冲突的关系只能是那些隐瞒了真实想法和意见的关系（或者彼此根本不在乎）。

健康的冲突可以增进人与人之间的感情，因为我们在更深层次上了解彼此、建立连接，而不仅仅是表面上的交情。这往往让人感觉很冒险，因为一旦卷入冲突，我们的人品似乎岌岌可危。

如果我们善于处理冲突，它就会转化成强大的力量。作为一名讨好者，我们很难表达自己的真实感受。我们的定位是为了给别人留下一个好印象。如果我们学会有效处理冲突的技巧，就可能与周围的人建立最健康的关系。到时候，讨好他人就成了我们的“超能力”，因为我们会“润物细无声”地影响遇到的每个人，这种影响力来自我们的真诚、善良和强大。

如此一来，你也有机会去帮助其他脆弱的人，因为他们会看到你为你们之间的关系带来的价值。你应对冲突的方式会感染其他人，教会他们如何以一种有意义的方式去处理冲突。因此，你与身边所有人的关系都会变得更加真诚和美好，你会发现你一直想要得到的亲密关系就在眼前。

困难的根源

讨好别人的倾向不是遗传的。孩子从娘胎里出来的时候并不会迁就别人，也不想讨好身边任何人。

他们很自我，他们所关心的只是满足自己的需要。我们都知道这是正常的。新手爸妈们从来不会想：为什么总要我喂你，什么时候才能你喂我？

当婴儿慢慢长大，变成蹒跚学步的孩子，他们继续“自私”。与此同时，他们开始发现其他人会对他们的行为做出反应。在一种健康的环境下，孩子能知道他们被爱和被重视只是因为他们是谁，而不是他们做了什么。他们的一些行为可能会惹父母生气或沮丧，但这些冲突不会损坏他们的自我价值。

在不健康的情况下，父母可能对孩子期望过高，过分挑剔，制订过于严厉的规则，不善于表达对孩子的爱和认可，或者在孩子犯错时表现得异常愤怒、惩罚他们。在这种情况下，孩子会感到焦虑，认为做自己是不安全的。他们就是从这里开启了一种影响未来所有关系的模式。

这种逃避冲突的思维模式也可能来源于小时候有好斗的兄弟姐妹。如果父母不能够妥善地加以干预并设定界限，孩子们就学不会处理冲突的技巧，他们的价值观也会受到影响。

此外，如果父母的管教难以预测、行为阴晴不定，孩子们就要学会表现乖巧、不惹麻烦。随着时间的推移，他们发现父母会有条件地接受他们。生存之道就是确保没人会生他们的气。

他们的人生会是什么样子的呢？他们用避免冲突的方式处理生活中遇到的各种情景。成年后，他们会表现出讨好他人的行为：

- 他们的特点是永远善良。
- 他们擅长在气氛紧张时岔开话题。
- 他们希望别人认为他们是温柔善良的。
- 当其他人发生冲突时，他们会纠结“战斗还是逃跑”，试图缓解紧张局面或逃离那里。
- 他们假装关心那些他们其实并不关心的人。
- 他们压抑自己的真实感受，即使内心痛苦，也要保持微笑。
- 他们想要帮助别人，因为他们关心别人，但更重要的是那些人会对他们心生好感。
- 如果一场涉及他们的冲突发生了，他们会想办法无限期地推迟讨论。
- 当人们发火的时候，他们试图让大家冷静下来，理智地说话。

- 他们关注细节而不是真正的问题。
- 他们用幽默来缓解紧张。
- 他们可能正在怒火中烧，但他们不动声色，这样人们就不会看到他们情绪失控的一面。结果别人以为他们同意了，因为他们没有表达自己的观点。
- 就算他们感觉很不开心，他们也会让步，由着别人为所欲为。
- 他们为了维护自己的形象而说谎。

想想这对日常关系的影响，比如婚姻。两个人坠入爱河后结婚，在婚礼之前，他们有自己的品位、信仰和生活方式，他们各有自己的选择。直到结婚，他们关注的仍是他们的共同点。

婚礼6个月后，他们开始关注彼此的差异。这些差异是正常的，但可能会引起冲突。所谓冲突，不外乎就是两个人的想法不一样，需要弄清楚该怎么处理。按理说，这是两个人在讨论问题的过程中共同成长的绝佳机会。但如果其中一个人是讨好者，他就会把冲突看作是夫妻关系的威胁，从而拒绝把冲突当作最好的工具来加强两人之间的关系。他们认为和和气气的，就能化解冲突，对方就会和自己越来越亲近。实际上，这样的做法只会让事情变得更糟。

“斗争”策略

你会在一次次的冲突中真正地了解一个人，而你对这个人的了解越多，你对他的同理心就会越深。冲突是通往亲密关系的必经之路，所以学会好好处理冲突是有必要的。

我们整本书都在讨论如何拥抱冲突，而不是逃避它。这一章的目的不是提供一套完整的教程来教大家实现这种转变，因为篇幅有限。我们可能还需要书籍、研修班，甚至心理治疗来解决这些问题，这取决于我们对冲突的恐惧程度。

成功在于改变思维方式。我们的目标是学会从全新的角度看待冲突，认识到它在培养亲密关系的过程中是多么的重要。

如果我们回避冲突，我们就破坏了亲密关系。

我们可以从哪些简单的步骤着手，来改变自己的心态呢？

区别看待冲突和人们对冲突的反应。

如果你提起某个话题，有人怒气冲冲地回应，那并不意味着你们的关系不好，这只是他对这个问题的看法。

观察他们的反应，然后将他们的情绪反应当作线索来确定真正的问题是什么。这种思考方式能让你专注于冲突本身，而不至于被他们的情绪吓倒。

有矛盾的时候，要勇敢地说出来。

不是每一个人都要成为辩论高手或是逻辑方面的专家，你要做的只是找到一种简单的方式来陈述自己的观点。别人可能会对你的立场做出反应或抨击，比如会质问你：“你怎么会有这种想法？”但这并不能抹杀你的观点。你只是试图摆明自己的立场，而不是因为害怕冲突而掩饰自己的真实想法。没有你的意见，就不可能得到一个健康、有意义的结论。

认识到冲突是正常的。

锻炼自己勇于直面冲突，而不是逃避。遇到问题时，想要深思熟虑，等到时机成熟再清楚地表达自己的观点是很自然的，但最好是尽早提出来，不要过多地纠结，说出实情，言简意赅，只申明观点，不做辩解。你有权发表自己的意见，如果有人不同意并试图反驳你，不要争吵。记住，你不一定要赢得争论，你只是在尝试面对冲突。

练习当面交流。

用书信或电话的方式表达观点似乎比面对面的交流更容易。这并不一定是件坏事，但你需要掌握面对面解决问题的技能。把想法写下来更轻松，因为这样不用承受对方当时的反应。可是我们不是在练习成为作家，我们正在努力克服对冲突的恐惧，而这种恐惧只有在发生冲突的谈话中才会出现。

冷静下来。

当情绪高涨时，逻辑就消失了。对方可能会言辞激烈，我们不知道该如何回应。当别人批评我们的看法时，不要忙着去回应，花点时间仔细斟酌你的措辞。这不仅能让你选择最合适的回应方式，还能改变谈话的节奏，分散紧张的气氛。

在适当的时候简单地道个歉。

讨好者往往会过度地道歉，把一切都当成是自己的错。在适当的时候，学习用下面四个短语中的一个或几个来道歉，也可以四个都用（按顺序）：

- 对不起。
- 我错了。
- 我很抱歉。
- 请原谅。

这就够了，添加过多细节会削弱你的歉意。

有选择地战斗。

问问自己，这事真的值得追究吗，还是其实没那么重要？现在谈论这事，时间和地点合适吗？

精准沟通。

• 解释清楚你的立场，不要翻旧账。

• 不要使用对抗性的语言，否则对方很容易进入防御状态。与其说“我受够了你从来不整理床铺”，不如说“我每天都要整理床铺，感觉特别累”。

• 检查一下自己的理解是否正确。“那么你是说，当我（做某事）的时候，你感觉……？”这样就给了对方一个进一步解释的机会（如果有需要的话）。

启动头脑风暴，寻找解决方案。

不要在一个问题上反复思量、裹足不前。只要时机合适，就尽快和对方讨论解决方案。否则你们都将陷入消极情绪之中，很难继续前进。

挖钻石

前不久，我到一家自助洗车店，看见有人在车位旁边的空地上倒烟灰缸。我瞥见一些烟头和纸屑，还有一些硬币和纸币，它们被一种黏糊糊、黑黢黢的东西粘成了一团。

我猜大概有5元。如果我看到地上有5元钱，我会把它捡起来，但那堆垃圾有点恶心，我不想碰它。

给车除尘的时候，我还在想那堆垃圾。如果是一张50元的呢？我会把它捡起来清洗干净吗？如果是一张100元的呢？什么时候才值得下手呢？那张纸币的面值越大，我就越有可能捡起它。

冲突就像一颗钻石，被埋在一堆臭气熏天的渣滓里。对于一个讨好者来说，他们的内心千言万语汇成一句话："避开它。"但是，学会直面冲突，对于培养高水平的关系来说，就像一颗极其珍贵的钻石。当然，情状可能会很糟糕，我们不想碰触，但回报是值得的。

也许是时候开始挖掘了。

6

我需要你关注我：害怕被忽视

大多数时候，我感觉没人在意我。我就像空中漂浮的一粒尘埃，只有一束光投来才能被看到。

——桑娅 · 索恩斯

我的大孙女艾弗里是《哈利 · 波特》系列小说的超级粉丝。少年哈利和他的朋友们来到霍格沃茨魔法学校，在那里学习魔法。他们在学习技能的过程中，也在不断地获取各式法器和资源，以帮助他们应对各种挑战。

几年前我也开始读这套书。故事很有趣，虽然我不像艾弗里那样是《哈利 · 波特》的超级粉丝，但我是她的超级粉丝，所以我们可以一起读。

一天，我们正在吃早餐，艾弗里问我："爷爷，如果你能拥有一件魔法用具，你会选哪一件？"这问题太简单了，我回答："隐形衣。"就是一件带兜帽的长袍斗篷，人穿上就能隐身了。

"为什么呢？"她追问。

我记得当时我的回答："这样我就能偷听别人谈论我，他们还以为我不在旁边呢！"然后我们又聊了很久。

接下来的几天，我时不时地思考这个答案。我意识到，甚至在我还是个孩子的时候，我就因为这个原因，梦想着变成一个会隐身的人。那时我就在寻求别人的认可，已经开始表现出讨好者的倾向，从别人的看法中寻找自我价值。

出现冲突时，大多数讨好者总是很难处理事情的轻重缓急。

他们相信，只要重视别人，自己默默地待在一边，别人就会喜欢他们。因为他们"很好"，舍己为人。他们以为所有人都会注意到他们有多好，所有人都会肯定他们。事实上，因为他们待在角落里，没有人会注意到——所以他们又觉得自己受到了冷落。这次，他们巴不得穿上一件"显身衣"，好让大家都看看自己。

当得不到别人的回应时，我们会觉得自己被忽视了。当一件事情发生时，我们不觉得自己是其中的重要部分。人们只会看到我们做了什么，而不是我们是谁。为了让别人感受到我们的关切，我们耐心地倾听别人讲上几个小时，希望在某个时候，他们也会问问我们，但这只是一厢情愿。

我们觉得自己无足轻重，没人在乎我们。

融入

关于被忽视，有好消息也有坏消息。坏消息是，这通常是我们自己造成的；好消息是，解决这个问题并不是那么难。

讨好者常常会想，人们从来不会注意到我。他们认为这是因为自己不值得被关注，这说明他们没有价值。他们自怨自艾，觉得自己不再可爱，假如自己足够可爱，人们自然就会关注自己。

当我们有意地把别人放在第一位，好让他们重视我们的时候，我们反而无意地从他们的视线中溜走了。我们正在努力地做着无用功，我们的所作所为保障了自己不被别人看到。我们总觉得这是因为自己没有价值，其实是因为我们在躲避，自己藏在了别人看不到的地方。

这就是现实：大多数人无论如何都不会想到我们。他们和我们一样，只顾考虑自己。

这一点在青少年时期尤为明显，因为在那个阶段，我们正努力地证明自己。融入群体、被他人喜欢和接受是这个过程的重要组成部分，于是，我们总是通过他人的反应来评估自己做得如何。

我们的注意力和能量就消耗在这些事情上面。当有人喜欢我们的时候，我们感觉很好；但凡他们说了几句不中听的话或者忽视我们，我们就感觉很糟糕。

当时我们没有意识到，事实上其他人都在做同样的事情。他们喜欢我们，是因为我们让他们自我感觉良好；他们对我们刻薄，是因为他们需要贬低我们、抬高自己，还是为了自我感觉好一点。

不幸的是，许多人一直没能走出这个阶段。尽管他们已经四十多岁、五十多岁或者六十多岁了，可还是愿意以别人为鉴，来确定自己的价值。他们没有意识到，人们主要考虑自己，根本没工夫关注其他人。

我听过一个玩笑，每个人的脖子上都挂着一个牌子，上面写着："请让我感觉自己今天很重要。"在我的职业生涯中，我与各种各样的人共事过，从公司高管到装配线工人，所有人都向我证明了，这个玩笑其实是真的。"感觉自己很重要"是人类最基本的需求。如果这种需求得不到满足，我们就会觉得自己被忽视了。

一个很好的例子，有些人加入了当地的教会希望建立互助关系。他们可能会选择一个大一些的教堂，在那里他们可以悄悄地进出，以免引起注意，而且他们不去参加教会的小组活动。他们很奇怪为什么没有人主动联系他们，他们没有意识到自己在等着别人先迈出第一步。如果等不到别人主动，对他们本已脆弱的自我价值来说，就是雪上加霜。

治疗“隐形人”

我们怎样解决这个问题呢？这里有一个好消息：我们可以主动做一些事情，让自己变得引人注目。

这并不意味着要把一个内向的人硬生生地变成一个外向的人来引起别人的注意，或者我们要假装自己很张扬。这意味着在他人面前，我们的言行与内心要保持一致。我们没必要像深夜的购物主播那样大声吆喝，声嘶力竭。我们只需要做自己，在别人面前同样做自己。

如果我们感觉自己缺乏存在感，那么不能坐等别人去弥补，我们要主动进行修正。

因为大多数人都把自己看得比别人重要，所以我们做的任何让他们觉得自己重要的事，都会吸引他们的目光。不过，我们不可以动机不纯，比如只是为了让他们喜欢我们。这样我们就成了伪君子，别人也能察觉到。我们需要采取两个步骤：

1. 学会从自己的内在而不是从别人的看法中找寻自己的价值。使用正确的“镜子”，建立由内而外的自信。

2. 在这种自信的基础上，关注他人的需求，让他们感到自己很重要。你的动机可以是纯粹地关心他人，因为你的安全感并不取决于他们的反应。

什么时候你觉得自己被忽视了？

是不是在社交场合中，当你觉得自己是在场最不自在的那个人的时候？

是你表达了自己的观点，而别人却不相信你的时候？

是不是在某些场合，当你年龄最小（或年纪最大），人们觉得你不属于这个群体的时候？

是人们只看到你的角色（服务员、销售员或咖啡师），而没有把你当作一个真实的人来看待的时候？

是在人们只看到你是“孩子爸”或“孩子妈”，而不在意你本身的时候吗？

是你每天疲于柴米油盐，差点忘记自己也曾梦想过精彩人生的时候吗？

看看我们在哪些场合会感觉自己被忽视，可以帮助我们决定接下来要采取什么步骤。我们不能寄希望于别人会改变，我们只能改变自己。戴尔·卡耐基在其经典著作《人性的弱点》中，就开拓人际关系的问题，提出了一些实用建议。尽管这本书写于 1936 年，但这些提议在今天仍然适用，因为其出发点是人类的欲望和需求。如果我们接受这些需求的存在，我们的所作所为只要满足这些需求就行了。

有趣的是，这本书绝口不提如何改变别人的行为，所有提议都是基于改变自己行为的能力。正如维克多·弗兰克尔在《活出生命的意义》一书中所言：“当我们无法改变环境时，我们就需要改变自己。”那么，我们能做些什么吸引别人的目光呢？

1. 对自己负责。永远不要因为自己的感受而责怪别人。别人没有义务对你的感受负责，你应该对自己的感受负责。你可能不喜欢别人说的话或做的事，但你可以选择如何回应。

2. 客观看待问题，不要感情用事。换个位置想一想，如果对方处在你的处境，向你寻求建议，你会怎么说。

3. 如果你有计划出席某场社交活动，那么请提前准备你的谈话内容。仔细思考你可能会遇到哪些人，精心设计几个问题，你可以利用这些提问来打开话题。有人曾告诉我，如果你在一家大公司工作，你就要随时准备好，万一在电梯里单独遇见 CEO，你该说些什么。

4. 跟熟悉的人在一起时，做一些不同的事情。在某种程度上，家人和其他认识你很久的朋友们已经习惯了你们之间相处的方式。他们希望一切都和从前一样，所以没有理由对你另眼相看。如果大家习惯了你总是在假日聚会上做饭、打扫卫生，那么今年你可以把聚会安排在他们家里，或者一起去餐馆。不要问，直接安排好，告诉他们流程就行了。如果他们抱怨，那是因为你没有按照他们的预期行事。不用太在意，他们会适应的。

5. 跳出舒适圈。例如，你可能常常刷朋友圈，羡慕别人秀恩爱、晒成功。与其越攀比越沮丧，不如改变日常习惯，早点起床，上班或办事的时候换条路线。反思你所做的每一件事，看看是否有必要换一种方式去做。点点滴滴的改变，会让你变成另一个人，人们也会看到你的转变。

6. 相信你的感觉。当有一种强烈的感觉在内心涌动时，那是身体在试图以这种方式引起你对某事的注意。放慢脚步，集中注意力，与你信任的人分享这些感受。我们经常以为自己的感觉并没有那么重要，于是把它们藏在心里，搁置在自己的头脑里，压抑自己的感受。在这种情况下，我们往往很麻木，忽视自己的需要，而不是相信自己的感觉并利用它们。感觉就像我们生活中的定位系统，承认它们的存在很重要。

7. 以诚待人。举个例子，我经常遇到一些服务员，他们看起来冷漠而疏远，好像宁愿待在任何地方也不愿服务我。顾客很容易对他们感到沮丧，进而小声地抱怨服务质量。但我发现，通过几句真诚的话与他们建立一种温暖的联系，就能改变他们的态度。他们之所以冷漠，是因为他们把我们当作顾客（我们被忽略），而不是一个人，而且认为我们对他们也是一样的。但如果我们给他们机会，让他们感到自己被重视，短短几分钟的沟通，让他们感受到真诚。这不仅会改变我们的感觉，也会改变他们的感觉。

现在，你能从哪些简单的步骤开始，一步一步脱下你的“隐身衣”呢？

7

我需要你肯定我：害怕自己不够好

用你的尺子来衡量，我不合格。

——无名氏

为什么我们拍照的时候都会微笑？

当有人给我们拍照时，他们总是说："好，笑一笑！"即使他们不说，我们通常也会下意识地笑一下。我们知道别人会看到这些照片，要给别人留下一个好印象，不管那会儿我们乐不乐意，都会微笑。

如果一个摄影师说："好，把你现在真实的感受展现出来！"你会做出什么表情？每年我们都会收到朋友和家人寄来的庆祝新年的照片。大家都穿得漂漂亮亮，面带微笑。但我们都知道的，根据个人经验，他们可能拍了几十张，才能挑出大家都满意的照片。

有时还会附上一封信，叙述他们这一年的高光时刻。他们往往会谈论每一个家庭成员在这一年取得的成就，以及他们多么自豪。他们可能也会提到一年中遇到的挑战，但通常是一些不可控因素（比如意外的健康问题或职场中的裁员）。我从没见过一封信会这么写：

特里到10月份就满19岁了。我们简直忍受不了他，他太没责任心了（而且他到现在还住在家里）。他因为工作能力差被开除了，一天到晚都在玩手机。他干什么事都迟到，除了要去见开除他的人事主管。他刚把女朋友的名字文到手臂上（而且还拼写错了），没几天人家就跟他分手了。我们这一年过得一团糟，都不知道该拿他怎么办了。我想这也说明了我们是不称职的父母。

这样的信看起来更诚实，不是吗？另辟蹊径，让人耳目一新——因为我们对不完美能够产生共鸣。

我们似乎都尽力展现自己最好的状态。我们希望别人喜欢我们，所以强调好的方面，避开坏的方面。

当你看全家福时，你首先会看谁？说得对，你想看看自己的样子，因为那是别人眼中你的模样。假如你对照片中的自己不满意，你就会认为这张照片很糟糕，不管其他人看起来怎样。你以为当别人看到这张照片时，他们也会先看到你有多丑。

不，他们也在做同样的事情：盯着自己看。

我们都在比较，琢磨照片有没有自己本人好看。

对于一个讨好者来说，这是灾难的根源。

比较催生不足

当周围的人只展现生活中的积极面时，我们很容易感到不足。我们把自己的真实情况和其他人的公开表现相比较，结果就是不平衡。“不足”的定义就是：感觉自己不够好。

你度过了忙碌而又充实的一天，自我感觉良好。你把任务都做完了，感觉很惬意。然后你休息一下，翻翻朋友圈，你又“风中凌乱”了。

- 别人上传他们和家人度假的美照，你会想，多希望我也有钱去游山玩水啊。
- 看到那类“减肥前与减肥后”的对比照，你就觉得自己一直处于“减肥前”的状态。
- 看到一篇关于厨房翻修的帖子，你顿时觉得自己的厨房老气过时、乱七八糟。

• 一个穷困潦倒者说他通过某次商业投机，一夜暴富。唉，好可惜，你感觉自己错过了一个亿。

在内心深处，我们明白朋友圈不过是精心粉饰的幻象，但我们仍旧不可避免地感受到了冲击。我们围观别人完美的生活，而自己的生活一地鸡毛。他们的孩子相亲相爱，他们的房子漂亮得像样板间，而且他们都有时间休闲，下棋、玩牌不在话下。再看看我们，和他们相比，都不算生活，只能算是活着。我们刷朋友圈越多，就越难过。

上网之前，我们感觉挺好的。一旦开始比较，我们就变得沮丧。

最糟糕的是，我们相信看到的是准确的。我们将自己的真实生活与他们精心修饰的画面进行比较。我们看到别人有钱又幸福的模样，可如鱼饮水，冷暖自知，我们并不知道实际上他们在想什么。我们忽视了自己的成就和优势，只关注别人拥有的和我们没有的。

说真的，当看到朋友圈里一尘不染的房间时，你不会怀疑吗？我有时想，假如一个摄影师不打招呼，敲开门就开始拍照，呈现给我们的会是什么样的照片。我猜大多数都跟我们家差不多吧。

这并不意味着朋友圈里的人都是不诚实的。大多数情况下，他们的确减肥成功，事业有所发展，获得了意想不到的成功，或者踏上了美妙的旅程。这是他们的人生，他们对此感到很兴奋，想分享他们激动的心情。

但我们走在自己的旅途上，而不是他们的。当我们把自己生活中的挑战与他们生活中的成功进行比较时，问题就来了。我们用自己的实情跟他们的表象对比。每当我们这样比较时，就会觉得不满足，觉得我们“不够好”。

更糟糕的是，有些人为了让自己感觉更好，会故意与我们比较，贬低我们，或明枪，或暗箭。当有人当面打击我们时，我们很难保持清醒的看法。有时候是说话夹枪带棒的家人，有时候是尖酸刻薄的同事，把我们损到无地自容。

我曾参观过一个高档社区，那里以每年的圣诞灯光秀而闻名。每家房主都试图超过他们的邻居。一些房子用大量主题展品覆盖整个建筑，而另一些房子则用电缆和彩灯将他们的展览与街对面的邻居连接起来。一些房主自己动手，而大多数房主则聘请专业的公司来做这项工作。大部分家庭都参与了，只有极少数例外。

我对这几户特立独行的家庭感到好奇。难道他们对装饰房子不感兴趣，所以在灯火辉煌的社区里留下了几处黑点？他们不参加社区的活动，会感到来自周围的压力吗？

感觉自己不够好是个问题，我们需要解决它。我们对自己感到不满意的时候，讨好别人就变得“有毒”。因为我们只向别人展示好的一面，希望给别人留下好印象，于是，我们就会变得越来越不真实。我们把别人当作反映自我价值的镜子，一旦得不到别人的肯定或关注，我们的自我价值感就会滑坡。这就形成一种恶性循环，因为我们总是希望自我感觉更好，于是在讨好别人的道路上越走越远。

幸运的是，一切还有救，我们还有更好的选择。

打开新视图

好攀比这个毛病一般来说并不需要经年累月的治疗才能克服（尽管在这个问题背后可能还有一些更深层次的问题有待探讨）。要解决这个问题，需要两步：

1. 当我们把目光聚焦在别人身上，并拿自己的经历和他们的经历进行比较时，要及时警醒，意识到自己在做什么。
2. 把目光投向自己的事情，并集中注意力。

攀比的时候，我们认为自己不是比别人差就是比别人强。事实上，我们都是普通人，差别是比较出来的。心理学家把这种基于他人反馈而改变自我评价的倾向称为“条件自尊”。这是一种危险的倾向，因为控制权在别人手上，我们需要按照别人的标准去寻找自己的价值。

我们并不是生来就觉得自己不够好，这种意识是学来的：要么是别人告诉我们的，要么是我们观察到的。小时候没有足够的人生经验来判断这是真是假，我们只能被动接受。

假如我们小时候每次失败，都有人数落："没有一件事是你能做好的！"渐渐地，我们就接受了这句评价，从此，我们在人生旅途中，就背上了这个沉甸甸的心理包袱。因为认定自己做不好任何事，我们就放弃尝试。这意味着，我们因为害怕被坐实"做啥啥不行"，导致错过了一些很棒的机会。如果得不到认可，这种恐惧会延续到成年。

不过，既然我们学会了对自己不满意，我们也有能力忘掉陋习，这里建议实施两个步骤：

1. 当你在攀比的时候，要意识到你在做什么。

如果攀比让你觉得自己不够好，那是因为你把情绪的控制权给了别人。你看不见自身的价值，反而让别人来决定你的价值。甚至，对方可能都没有察觉，因为他们只是过着自己的生活，而你却在一边观察一边自我折磨。

当你与人攀比的时候，留意一下自己的感觉是什么样的，你可以把这种感觉当作触发器。当这种感觉出现时，马上提醒自己，问问自己是不是正在跟别人攀比。如果你能意识到发生了什么，你就会更容易抵制这类攀比，而不至于迷失。

你想要的是人与人之间相互尊重的可靠关系。当我们与他人攀比时，比较就取代了陪伴，而这样的关系无法成长，也没有任何希望。正如作家凯·威玛所说：“如果我们选择看到包括镜子里的自己在内的每个人，那无可估量、无与伦比的美，那么满足感就出现了。”

2. 专注于你自己的生活。

要改掉与他人攀比的习惯，最好的方法是认识到自己的独特性。你是独一无二的“你”。你统治着自己的这方小天地，没有人能比你做得更好。

假如你是一只小乌龟，而每个人都希望你能像苍鹰一样翱翔，你就会感到沮丧。驰骋苍穹这件事确实很诱人，但对你来说这是不可能的。你越是绞尽脑汁地想象变成一只鹰会是什么样子，你就越是空耗精力，而你原本可以成为一只最优秀的乌龟。要坚定地做自己，即使你觉得自己不够优秀、自己的人生不够精彩。尽心尽力地做自己，你就能在人生旅程中找到更多的满足感。

如何克服你在攀比中形成的负面印象？答案就是改变你的心态。大多数人把重心放在克服生活中的消极因素上，专注于“改错”。其实，一个更好的方法是发挥自己的兴趣、施展自己的特长，把重心放在做正确的事情上。

我听一位理财大师说过，我们应该把税后收入的 10% 用于个人发展。这么做的话，我们就会把更多的精力投入到帮助我们成长、让我们变得更好的事情上，而不仅仅是解决问题。我们越是关注生活的积极面，就越没有时间和欲望去与他人攀比了。

找到你擅长的领域，并以此为基础，点亮你人生的明灯。这盏明灯会照亮你人生的方向，让你不再需要攀比。

因为害怕自己不够好，所以你总是想着“要比别人做得更好”。环顾周围的人，你总是觉得要超过他们才能维系自我价值。

与其“做到最好”，不如“做最好的自己”。

“嫉妒”的正确打开方式

那么，我们怎么才能理智地看待别人的生活，而不进行无益的攀比呢？试试以下四个步骤：

1. 避开你的“导火索”。

通常是哪些因素激起你攀比的欲望、让你觉得自己不够好？记录你的“导火索”，有计划地避开它们。

——看了太多社交媒体？把这些应用程序从手机上删除，这样你就不那么容易接触它们了，或者，在周末的时候远离社交媒体。

——听朋友吹牛？多和那些有安全感的人在一起，他们才适合做朋友。

——逛购物中心？和朋友一起去，这样你就可以散散心，计划一下自己需要什么，而不是只逛不买。

——开车路过一片高档社区？换条路试试。

2. 列个清单。

把你与之攀比的人列一个清单，当你和他们比较时，准确地记录下你的内心活动。防患于未然，提前计划处理这类情况的最佳方式。认识到你的消极念头，用积极、客观的认知取代它们。专注于自己独有的优势，并且不怀嫉妒地赞美别人的优点。

3. 心存感激。

当你想要攀比的时候，静下心来想一想你已经拥有了什么。如果你开车经过一处比你家高档的社区，请记住，你并不知道在那些房子里发生了什么。外在的东西只能反映他们拥有什么，而不能说明他们的生活是什么样的。感恩能让你在生活中找到满足。

4. 正确地比较，积极地改变。

与其跟别人比高端、比阔绰，不如向你认识的慷慨、善良、富有同情心的人看齐。找一两个善于倾听，或者看上去从容平和的人，以他们为榜样，努力让自己变得更像他们。

把情谊托付在那些激励你的人身上，如果可能的话，多花点时间和他们在一起，和你想要成为的人在一起。

如果你总是害怕对自己感到失望，那么克服这个问题的关键是：在正确的事情上追求卓越。

我需要你离不开我：害怕自己不重要

获得好名声的办法就是努力成为你所期望的样子。

——苏格拉底

生活就像在爬一座大山。你从山这边的城市出发，朝着另一边的城市前进，这两个城市离山顶的距离是一样的。

前半生，你努力地攀登。这需要投入大量的精力和注意力，你做的每件事都是为了向上爬。

人到中年，你终于爬到了山巅。这是一个了不起的成就，而且放眼望去景色壮观。当你回首往事时，再看到自己的起点，你会惊讶自己居然走了这么远。站在山顶，你可以眺望目的地。那里和你开始的地方一样遥远，你一步一步地接近那里。因为是下坡路，所以走起来更容易，速度也快得多。

人到中年，也就是人生旅途走到一半。对大多数人来说，中年是一个反思的阶段。我们回顾自己的前半生，想知道自己是否有所作为。

对很多人来说，这无疑是一种折磨。如果我们觉得自己虚度了半生，往往会有一种无力的挫败感。我做出了什么成就吗？有人在乎我吗？这是每个人都关心的问题。许多人面对人生旅途的中点，决定改变自己，为这个世界留下点什么。另一些人则放弃了，认为一切都太迟了。

这就像加里·拉尔森创作的漫画《远远的那一边》：马戏团里，一只狗在观众席上方的高空钢丝上表演杂技，它骑着独轮车，转着呼啦圈，努力保持着平衡。配图的文字写着："在安静的人群上方，雷克斯努力地集中注意力。然而，有一个念头挥之不去——他是一条老狗，而这是一个新把戏。"

并不是只有老年人才有机会咀嚼"越来越不中用"的苦楚。在养育孩子的头十年左右，父母是孩子生命中最重要的人。当孩子长成青少年时，他们自然而然就开始脱离父母，走向独立。如果我们把角色定位在孩子需要我们这件事上，只有在孩子身上才能找到自我，那么看到这个角色发生变化，我们就会感到不安。就算已经长大，孩子仍然和以前一样需要父母，只是方式完全不同了。

这对于讨好者来说很难做到。当孩子开始表达自己的观点并做出决定时，一些父母、祖父母就觉得孩子不需要自己了，这让他们很不舒服。我们都希望孩子喜欢我们，甚至希望孩子的朋友们也认为我们是很酷的父母。所以为了让孩子不生我们的气，我们就放松了管教。我们的选择可能最终是出于自己的需求，试图重新赢回孩子热切的目光，而不是为孩子做最好的事情。

当孩子离开，父母过上“空巢生活”时，往往会导致身份认同危机。突然间，父母觉得没人需要自己了。他们觉得自己没有贡献了、不重要了。他们也许会问自己：离开了我的孩子，我还能是谁？

“被需要”是人类最基本的需求之一，我们本能地想知道这种需求是否得到了满足。如果没有，我们就会想尽办法去解决它。

我们与生俱来想要做出贡献

每个人生来都有一种强烈的内在冲动，想要弄清楚自己在这个世界上的目的是什么。这就是为什么里克·沃伦的《目的驱动的人生》能成为历史上最成功的畅销书之一。书名表达了一种情感需求，也就是说，人们必须做些什么，而不仅仅是活着。如果不明白这一点，人们就会过得如梭罗的名言“大多数人都生活在平静的绝望中”——生活在空虚之中，没有目标。

我们看着周围的人，就忍不住想知道，我对他们重要吗？我是否影响过他们的生活？因为有了我，他们变得更好了吗？

如果我们得不到答案，那么使命感就没有着落，我们就会继续寻找。这是一个需要解决的问题，却没有人触碰它。

作为讨好者，我们带着这个问题，又回到了我们唯一会做的事情：为别人的看法而活。我们会尽己所能让别人喜欢、肯定我们。这是我们熟悉的领域，我们可以从中得到暂时的慰藉。但由于我们没有做出任何真正有价值的贡献，所以得到的回应是空洞的，我们知道自己没有功劳。我们只是在玩单机纸牌游戏，偶尔迅速闯关，在那一刻很开心，但这份欢喜不会持久。

讨好别人就像整天吃垃圾食品一样。一开始我们得到了满足，但身体很快就损耗了。它填补了我们感觉上的需要（饥饿），我们却失去了做出真正贡献的欲望。

我们在世界上能够做出的最大贡献不是受欢迎，而是做完整的自己。这是我们所能做出的唯一的、独一无二的贡献，其他人不可能以同样的方式做出。

换句话说，你的独特性就是你的“必杀技”，你想要最大程度地影响周围的人、想在这个世界上做出巨大的贡献，你的独特性是首选工具。毕竟，如果每个人都是一样的，那么影响从何而来呢？

如果你想有所作为，就要与众不同。

从“自我”转向“为他”

作为讨好者，我们为别人做了很多事情，但在做这些事情的时候，我们的眼睛总是盯着自己。从表面上看，我们好像善解人意、慷慨大方，这正是我们想要从别人口中得到的评价。

但动机不纯常常使我们弄巧成拙。

如果我们的动机确实是为别人着想，那么讨好别人、满足别人的需求是可行的。但是，如果我们的慷慨仅仅是出于自己的需求（我们付出，只是为了自我感觉更好），那么讨好别人就会让我们感到挫败和失落。我们内心深处想要有所作为的愿望并不会消失，而是变得更加强烈。

当感觉自己一无是处、沉湎于自怨自艾之中时，我们的个人价值感可能会断崖式下跌。怎样才能扭转这种恶性循环呢？也许这听起来有点反常理，我的建议是：去帮助他人。

也许，这并不能立竿见影地解决问题，但是，当一心一意地帮助别人时，我们就不能一门心思地关注自己了。就像一个人不能同时往两个方向跑，我们不能把全部的注意力同时放在自己和别人身上。当思考如何满足别人的需求时，我们就不会去反复咀嚼自己的痛苦。

“等等，你不是说过，讨好者的问题就是关注他人吗？我们不是要先做好自己吗？”

没错，但重要的是动机。不健康的讨好者，关注别人是为了赢得别人的认可；健康的讨好者，关心别人是真心为别人着想。任何时候，如果一个健康的人因为缺乏目标而苦恼，那么敞开胸怀是重新找到正确道路的最快方法。

苏珊·努南博士等人的研究表明，当人们积极从事志愿工作时，他们的情绪几乎都能得到改善，为什么呢？因为他们在做贡献。

- 他们觉得自己被需要。
- 他们的自信心和使命感都在增强。
- 他们做出了实实在在的贡献。
- 他们学习了新的技能，开启了新的机会。
- 他们从自己的消极思想中抽身出来。
- 他们通常会稍微打扮一下，这有助于增强自信。
- 他们提升了社交技能。

如果你觉得自己没什么价值可以提供，不妨把目光投向别人，看看别人的付出与收获，也许你能从中找到继续前进的动力。抑郁的人通常精力不足，很难开始做任何事情——这进一步加剧了他们的抑郁。志愿活动为你提供了一个走出家门的理由，而这本身就能提升一个人的情绪。

当你觉得没人在乎你，感觉很糟糕的时候，你大概正在等待别人主动来肯定你。这种期待是不切实际的，因为大多数人应该都没有想到你。敞开胸怀，主动走出去，给他们一个回应你的机会。即使没有得到你想要的肯定，你对自己的感觉也会变得好些。

分享的策略

人有悲欢离合，月有阴晴圆缺，每个人都有内心彷徨的时候。

这很正常，需要时间去消化。

对于一个讨好者来说，走出低谷尤其困难，因为你的自我价值非常脆弱。一旦你认为自己不如以前重要了，你很容易觉得确实没人在乎自己了。于是你开始颠覆以往的认知，怀疑人生。

但是，你独一无二的人生智慧永远不会过时。“包装”可能会过时，但你所能够提供的，对别人来说永远是宝贵的资源。

我职业生涯的大部分时间都是在讲台上度过的，无论是在大学的教室，还是在公司的会议室里。在大多数情况下，我都能够轻松地吸引听众，并迅速建立信任。但是，经过漫长的 30 年，主持了 3000 场研讨会之后，我似乎遇到了一个瓶颈，我把越来越多的时间用在与听众建立联系上。听众看起来更年轻了，而我的头发也变白了。我觉得他们看到我就会想：这老家伙是谁？我们要坐在这儿听他叨唠一整天吗？他能跟得上时代吗？不过，一旦我们开始交流，很快就能建立信任，但我还是觉得我必须证明自己，让他们相信我可以贡献一些有价值的东西。

有一天，我把这事告诉了一位碰巧来旁听研讨会的同事。她很惊讶我会这么想，然后告诉我："不，我认为恰好相反。他们知道你比他们年长，但他们不会轻视你。他们认为你就像大学里那些博学的教授一样，他们愿意听取你的见解。他们并不需要你变得和他们一样，他们希望你就做你自己，这样他们才能跟你学到知识。"

这番话对我来说，无异于醍醐灌顶。我曾经觉得自己无足轻重，但那都是我一厢情愿的想法，而且那只是我的揣测，事实并非如此。自从我扭转了观念，无论面对哪些观众，我都信心十足。

害怕"被时代抛弃"，其实是自寻烦恼。当我们认为自己正在放松时，实际上我们可能正在加速。当我们感觉自己似乎不重要时，往往会触发我们加倍努力去做出改变。

如何挣脱虚无缥缈的自我怀疑，脚踏实地回归现实呢？请考虑以下建议。

帮助他人，不计回报。

做有意义的事，帮助他人，而不必纠结究竟产生了多大影响。有很多人即使受益匪浅，也不一定会给你积极的回应。做你的事，问心无愧就好。

保持好奇心和求知欲。

当感到没人在乎自己时，我们很容易就会停下学习和成长的脚步。我们会想，还有什么必要去学习呢？反正也没人会听。但实际上我们越是坚持成长，就能为别人提供越多的帮助。

选择你准备为之奋斗的领域。

大千世界，能够调动我们激情的事情很多，但我们必须有的放矢，缩小范围，全身心地投入你认为最有价值的领域。大多数人更愿意随波逐流，他们可能不喜欢你特立独行，但不要被吓倒。选择自己的路，勇往直前。就算是圣雄甘地，也不是无所不能，他只是相信自己能有所作为，并忠于自己的理想。

夯实你的专业知识。

一旦你选定了准备为之奋斗的领域，就要坚持学习。广泛阅读，参加课程，多与该领域的相关从业人员交流。你的阅历与成长必定让你在自己的专业领域大放异彩。

与他人建立关系的天赋

每个人都想举足轻重。讨好者只是选择了一种不恰当的方式来满足这种需求，随着时间的推移，结果却恰恰相反。想要有所作为，就要选择改变。与其提心吊胆，生怕别人不重视自己，不如脚踏实地、保持独特性、心怀善意。

是时候踏上新的征程了！

第三部分

实现自我价值的10个要素

你的过去不能代表你的全部。

你现在的选择决定了你的未来。

几年前我们搬进现在的房子时，房子后面有一个很大的木制露台，那正是我们想要的，它一直延伸到后面的篱笆，环绕着房子。

然而，麻烦的是，所有的木板都有些腐烂了。年久失修，那些表面的木板已经变形，到处都是碎片，固定它们的钉子有很多也松动了。我们重新刷了漆，换掉松动的钉子，如此一来，在路人看来，我们家真是旧貌换新颜了。我们只是想掩饰它本来的样子，让别人看着不那么破败。

我们就这样糊弄着过了几年，但情况越来越糟。我们不能光着脚走路，因为钉子都松了，有好几个地方随时都可能塌下去。木板腐烂得越来越厉害，面子工程越来越难维持，破破烂烂的样子越来越明显了。

于是，我们开始存钱，直到存够了更换木板的钱。我们一度以为，更换新的木板就可以解决这个问题。然而我们没有想到的是，木板被撬起来后，我们发现支撑整个露台的结构框架也开始破损。它的内部不像表面那么糟糕，但我们知道必须全部更换，否则，露台可能会维持一段时间，但随着时间的推移，衰败会由内及外，最终还是白忙活一场。翻修露台的时间比计划的长，花费也比预算的多。但我们知道，不能再一次做表面文章，假装一切都很好。我们必须努力把事情解决。最终，我们的露台变得既牢固又漂亮。

讨好他人也是如此。一开始，我们试着欺骗自己，对别人隐瞒自己的感受，假装很好，希望给别人留下一个好印象。我们甚至可以更换“木板”，让我们看起来焕然一新。

但在光鲜的表面之下，腐朽滋生。我们知道，但我们隐瞒了很多年。随着时间的推移，情况越来越糟，再也难以隐藏。我们不敢揭开表象往下看，因为知道事情不对劲，我们不愿看见我们可能发现的东西。

在前几章里，我们已经爬到木板下面检视了一番。我们诚实地审视自己最需要和最害怕的五样东西。一旦我们仔细审视内心的恐惧，探讨解决办法，它们就不像以前那么可怕了。这些就是我们为改变打好的基础。

现在，是时候“重建”了。弄清楚了有哪些工作要做，我们就可以购买物资和工具，然后开工了。这不是一蹴而就的事情，但我们可以迈出第一步，然后下一步，再下一步。

我们的重建工作需要哪些关键物资呢？以下是我们需要重点投入的 10 个基本构建元素，排名不分先后，你可以根据需要任选一个作为切入点。先通读一遍，然后针对自己的情况选择对你最有价值的，开始动工吧。

1. 积极主动：承担个人责任。

2. 维持交际：运用人际关系的价值。

3. 树立信心：正确看待你自己。

4. 培养真诚：坦诚地面对生活。

5. 加强沟通：掌握沟通技巧。

6. 培养好奇心：保持求知欲。

7. 集中注意力：专心致志。

8. 锻炼照顾自己：寄希望于自身。

9. 学习感恩：寻找生活中的积极面。

10. 秉持全面视角：接受现实。

这些方法本身都不困难，只要我们一步一步地落实，就很容易实现。一旦这些构建元素准备就位，我们就能以最健康的方式去讨好他人，影响周围其他人的生活。这就是下一部分的重点：用一个简单的策略来改变我们的生活。

9

积极主动：承担个人责任

永远不要忘记，只有死鱼才随波逐流。

——马尔科姆·马格里奇

她不是咖啡店的常客。

通常，这个地方挤满了提着电脑的学生，捧着拿铁的商人，还有浏览平板电脑的老人。她坐在那里，似乎有点格格不入。她一头银发梳得服服帖帖。她有一种时尚感，但又不张扬。她和一名年轻得多的女人坐在离我几米远的地方，她俩之间的桌子上放着一个开着的小盒子。

盒子上有一个熟悉的商标：苹果。

老妇人说话的时候，自信又温和："你知道的，我能用得很好，这就是我买它的原因。

"当然，奶奶，"年轻的女人回答，"您从不忌惮尝试新事物。"

"也许等我老了，就不折腾啦。"她说。

"那您现在多大了？"

"我才九十岁。"

"好吧，我看看这东西还有哪些功能。"

这位孙女看上去四十岁出头，她让奶奶拿着设备自己尝试，她在一边给奶奶讲解步骤。

我当时正在那里写一篇稿子，清理一些电子邮件，但我还是忍不住被吸引了。一位九十岁的老奶奶新买了一块苹果手表，并决心学习如何使用。

"它能显示我的心率吗？"我听见她问。

"必须能的，奶奶，看到了吗？就在这里。"

"这很重要，"老妇人说，"我每天早上都要检查，如果还有脉搏，我就起来。"

她俩都笑了。

"它可以记录我走了多少步吗？"

"可以，它还能准确显示您在哪里，我可以在电子地图上看到。"

"那真棒！我准备一天走一万步。如果我迷路了，我就一直走，直到你找到我。”

她俩又哈哈大笑起来。

她俩继续说说笑笑了三十分钟。老妇人把每一个功能都尝试了几遍，直到掌握它。年轻的女子一遍遍地讲解，并没有表现出任何不耐烦。对老妇人来说，孙女的耐心是一份非常尊敬的礼物。

后来，她们该走了。时尚奶奶把手表戴在手腕上，然后调了调松紧。

“谢谢，亲爱的，”她对孙女说，“下一次，你能告诉我怎么把它和手机联网吗？”随后她们离开了。

我看着两人慢慢地走出了咖啡馆，意识到她不是那些身体还处于巅峰状态的马拉松行家。在体力上，这位老妇人已是风烛残年，但她并不服老。她的态度还很年轻，因为她对自己负责。

她很积极向上。

控制你的选择

讨好者把他们的自我价值感建立在别人的意见和反应上。他们把自己当成一尊雕塑，任由别人拿着凿子（或者说他们假想别人拿着凿子）。他们之所以备受煎熬，是因为他们的生活被（他们揣测的）别人的想法左右。他们感到很沮丧，却从不让别人知道。

他们被自己臆想中他人的看法束缚。

他们生怕露出马脚，让别人看破自己的真相，所以他们时时刻刻都在打理自己的形象。

他们可能会主动尝试一些新鲜事物，但也会随时观察别人的反应。一旦感觉到一点点批评的意思，他们就会放弃。精彩也许就在眼前，但他们永远不会知道。他们的选择取决于别人想要什么，而不是自己想要什么。

迈向重建的第一步是：积极主动，对自己的生活负责。这就意味着，你永远不要因为自己的处境而责怪别人，你要坚持根据自己的立场做选择。

《高效能人士的七个习惯》的作者史蒂芬·柯维博士经常说："我不是环境的产物，我是自己决定的产物。"积极主动意味着你要明白，因为自己的处境而责怪别人是徒劳的。别人可能会给你压力，让你对某事做出反应，但你永远有选择如何反应的自由。你掌控你的选择，而你的选择决定你的命运。

你也许会说："可是那些我无法掌控的事情呢？我不能控制经济状况，也无法控制别人的伤害行为，他们毁了我的生活，我也无能为力。"我们虽然不能控制别人的行为，但可以控制自己对他们的行为的反应。如果我们被别人所做的事情激怒，被痛苦和愤怒控制，那么我们就放弃了选择的自由。我们让那个伤害我们的人控制了我们的情绪，而那种人怎么会有资格控制我们的生活呢？

积极主动并不能减少别人对我们造成的伤害，这只意味着我们可以选择不被他们奴役。我们实事求是地看待过去，然后决定如何前进。换句话说，我们把通往幸福的钥匙放在了自己的口袋里。

正如莱因霍尔德 · 尼布尔在经典的宁静祷文中写道：

上帝，请赐予我平静，去接受我无法改变的；

请赐予我勇气，去改变我能改变的；

请赐予我智慧，去分辨这两者的区别。

积极主动、无悔地生活，这是从终身讨好他人的模式中恢复的基础。

无悔地生活

后悔通常发生在自己做过的事情上，而不是别人做过的事情。

别人的某些选择可能会让我们的生活陷入混乱，让我们感到受伤或愤怒，但不会让我们后悔。

当我们用追悔的滤镜看待自己时，这个滤镜从来都不是正面的，而且几乎总是放大的。我们原本是对自己做的事感到后悔，但对事情的后悔常常变成了对自己的后悔，指向了个人。我们会因为自己的某些行为感到羞愧和内疚，如果不能妥善地处理，我们的自我价值观就会崩塌。“我做了坏事”变成了“我是个坏人”。

那是生活中的危险之境。执迷于“如果当时……”，我们就会被困在过去，看不到未来。

大多数后悔可以分为两类：一是因为无知而做错了事，二是故意做的错事。

无知

上周，我做了皮肤癌手术。这已经不是第一次了——事实上，我已经为皮肤科医生的奔驰车付了好几年的钱了。他说有些人的皮肤就是比其他人更容易出问题，而我是其中的“幸运儿”。

20 世纪 60 年代，我在亚利桑那州的成长经历已经埋下了隐患，那时候没人用防晒霜。事实上，我们还会用婴儿油之类的东西来加剧太阳的影响。现在我尝到了苦头，但我当时还意识不到。那时候我对保护皮肤没有概念，这属于无知。

明知故犯

记得我还是青少年的时候，我听说过“复利”。

如果我能想办法在 16~22 岁之间每年存下 1 万元（并以一个实际回报率进行投资），22 岁以后，我就再也不用存钱了，到退休时还能得到500万元。

我做了很多功课，找到了相似的模型。我知道怎么做，但是我选择不做。假如当时我选择付诸行动，我现在的经济状况就完全不同了。

导致我们后悔的选择通常包括：

大学时代的约会对象。

工作选择。

为了工作离开家庭。

因为胆怯而没有把握机会。

养了一只猫。

养成了不健康的习惯。

把某些价值观或一段恋情文在了身上，后来物是人非。

“明知故犯的后悔”比“无知导致的后悔”更让人难受，因为我们明明知道该怎么做，却还是没做。

代价更高时，情况也就更糟了。一时糊涂买了一辆坑人的二手车，没用多久就散架了，这是一回事。因为说错了话或者做错了事，破坏了亲密关系又是另一回事。如果你失去了某个人的信任，那不是简单的一句“对不起”就能解决的。信任需要时间来重建。

我和妻子都知道，我们在养育方式上犯了一些错误。我们也是在摸索中学习为人父母的，所以试着想办法来解决问题。我们已经诚恳地道歉了，但直到今天，孩子们还是会感受到这些错误方式的影响。

如果你因为后悔而活在过去，那么过去的事情就不是真的过去了，它还在这里，就在你今天所待的地方，而且它关上了你通往未来的那扇门。

从讨好方式中解脱出来的方法就是活在当下。我们可以主动选择准确地记住过去，但要把它留在过去。不管我们以前做过什么，未来都不会停在那里。我们总能做出新的选择，朝着新的方向前进。

如何摆脱困境

如果可以没有遗憾地生活，你会是什么感觉？你的人际关系和日常沟通会发生什么变化？是不是对未来满怀希望？

过去的事已经发生，是真实存在的，我们不能忽视它。如果忽视它，它就会留在我们内心，生根发芽，并在我们的人生旅程中变成毒瘤。对于过去的事情，我们需要面对它，然后控制它。

你的过去不能代表你的全部。你现在的选择决定了你的未来。积极主动的人从过去的事情中学习、汲取经验，但不会活在过去。他们为自己过去的行为负责，并在过去的基础上成长，但他们不会被过去捆绑。

每一天都是新的。从今天开始，你可以试着告别遗憾。认识到过去的事情已是历史，无法改变。当你无法原谅自己，放弃尝试的时候，后悔就尾随着你。

从你心中的众多遗憾中挑选一个，试着挑战它。既然过去不能改变，那么你现在可以从哪一步来重新控制自己呢？

- 如果你控制不住乱花钱，可以读一本关于如何在未来控制财务状况的书。
- 如果你从小到大都没有锻炼，可以找两个有毅力的伙伴，一起开始健身之旅。
- 如果你一直都不喜欢自己现在的工作，那么你可以参加一个在线课程，掌握一门新技能，以此指引自己找到新的职业方向。

假设你正赶着去面试，你的车在路上没油了，你后悔没有提前加满油，尤其是，如果你因此错过了这个工作机会，那么你感觉更糟了。当这类情况发生时，你很容易陷入自责。

重要的是，你要正视这些感觉，承认自己的失误，或许还要勇于向别人承认。可是，坐在路边埋怨："我真笨，我把一切都搞砸了……"这一点用都没有，我自己也常常这样做。我们不如客观些思考：我做了一件傻事，我还好，但是我把这事搞砸了。事情还得往前看，那就叫拖车来吧。

不管发生了什么，永远要迈出正确的下一步。你越是勇于向前走，就能越少被过去牵绊。后悔不是注定的，你今天就可以开始摆脱它。

有意识地为你做过的每件事负责。承认错误，拥抱成功，开创新的生活模式。如果你发现自己是为别人的意见而活，那么把它当作一个触发因素，督促自己做出不同的选择。问问自己：

如果我不担心别人的想法，我会做出怎样的选择？然后就按照这个选择去做，不管别人怎么说。

在很多情况下，做一个积极主动的人意味着要学会说“不”。

你说“行”的时候，感觉很舒服，而且看起来也没什么要紧的。可是，这些小事累积起来，你的时间却是有限的。每一次你说“行”的时候，你就是在对其他事情说“不”。

日积月累，你就会疲惫不堪、不知所措：解决问题的办法不在于做得多，而在于做得精。

对于一个讨好者来说，说“不”几乎是不可能的。但只要仔细思考并计划一下，你就可以提前准备好遇到这类事情时该如何回绝。如果你觉得只说一个“不”实在简单粗暴，可以试着这样说：“这听起来很棒！多好的机会啊！真希望一天能多出几个小时啊。可是如果我这会儿答应了，那就要打乱我原来的计划，定下的目标就完不成了。不过，还是谢谢你的邀请，我真的很感激你会想到我！”

这是你的生活，不是他们的。用责任感替代愧疚感，是你未来做任何事情的基础。这就是你改变自己的起点，今天就能实现。

10

维持交际：运用人际关系的价值

如果你想走得快，那就独自上路。如果你想走得远，那就结伴而行。

——非洲谚语

“欢迎光临。”酒店接待员都会面带微笑地说出这句话，他们希望第一次见面时，能给客人留下一个积极的印象。

“我们有您的入住信息存档……早餐六点钟开始……您需要叫醒服务吗？”这样的交谈只是例行公事，但过程很愉快。这些年来，这些话我已经听过成千上万遍，都能背下来了。

直到这一次。“我们出了点小问题，先生。”

“那是什么问题？”我问，没按套路出牌，我感到有点惊讶。

“密钥读取器坏了，要花几天时间才能修好。”听起来不妙。

“那……你是什么意思？”

“您进不了房间。”他回答。我开始环顾四周，寻找隐藏的摄像机，想知道我会出现在哪一档真人秀节目中。

“我真的很抱歉，”他继续说，“不过每次您想进房间时，只要到前台来就可以了。我陪您一起去，用前台的钥匙把门打开。”他请人在前台替他一会儿，然后走出来陪我穿过走廊。我的房间在酒店的尽头，我有足够的时间跟这位新同伴聊聊天。“有没有一些客人会因为这事发火？”我问。

“没有发火的，就是有点郁闷。他们知道这只是故障，但确实带来了不便。”

“来来回回地陪客人开门，你不感到厌烦吗？”我接着问。

“并没有，”他说，“不过，这让我有些惊讶。”

“为什么呢？”

“我一直以为我每天都会和很多人打交道。但实际上，我只是一遍又一遍地对着不同的人重复着一样的话。现在，我有机会去稍微了解他们，他们就像，嗯，真实的人。”

我会心一笑，想到“优质客服”常常搞错了方向：“表现出关心”而不是“关心”。

他继续说：“短短几句话，我们好像就建立起了联系。彼此有了那么一点点了解。这么一点点了解就改变了我对工作的看法。我本应该让人们感到受欢迎，但其实我没做到。我只是带着笑容背台词。但现在我和客人进行真正的交流，超越了过去的客套，他们切实地感受到了宾至如归。”

他们变成了真实的人。

关系的价值

那是上周的事了，在过去的几天里，我常常回想起那天跟接待员的对话。作为一个正在康复的讨好者，我忍不住想知道，我有多少次脱口而出、漫不经心的寒暄，看上去亲切热情，其实只是表面上的应酬。一些客套话被我用得滚瓜烂熟，而且我也知道别人会怎么回答。我真正在意的事情，往往是给别人留下深刻印象，而不是关心他们。

我们不可能对遇到的每一个人都掏心窝子。但如果我们把遇到的每一个人都看作是“真实”的人呢？这并不是说，我们要多聊一会儿。这只是意味着，我们应该将遇到的每一个人——前台接待员、杂货店收银员，或者超市里排在我们身后的人——看作有思想、有感情的人。如果这样做了，我们就不会试图没话找话、控制或者回避他们。我只会把他们看作一个个独特的人，在他们独特的旅程中经历着独特的人生。我会提醒自己，我也正走在独一无二的人生旅途中，我们都很好。

我会换一个角度来看待我遇到的人。当我把他们看作是“真实”的人，语言就不那么重要了，我只需要关心他们。这让我的注意力从“我身上”转移到“他们身上”。

我真的需要别人吗？

“好吧，我知道你想说什么，”一个讨好者说，“你会说社交很重要，它帮助我们成长，众人拾柴火焰高。我明白。但我已经在别人身上花了太多时间，费尽心思让他们喜欢我、以我想要的方式回应我。现在我太累了，我的生活需要清静，而不是热闹。”

这话有些道理。讨好者通常很合群，他们知道自己有多需要周围的人。但问题在于他们的动机，讨好者需要别人的肯定才会感到自己受重视。在某种程度上，他们会参与社交活动，但他们与人交往是单向的，他们这么做只是为自己谋福利，而不是互惠。

这种方式具有欺骗性，他们似乎一直都很关注别人，但这只是表面现象。身心健康的人知道，自己离不开集体是因为大家要一起生活。如果交流的双方不再试图给对方留下深刻印象，而只是分享人生这段旅程时，他们都会变得更好。

讨好者很可能是鸡汤文学最主要的消费群体。他们不喜欢自己的生活方式，想要成长和改变。但当他们依赖别人的肯定时，他们很难去接触他人，所以唯一的选择就是试着自己成长。日积月累，这让他们感到更加沮丧，因为只有在集体中，一个人才能真正地成长，而不可能自己一个人琢磨琢磨就成长了。

如果不敢接受外界的信息，我们很容易相信自己的想法是准确的，这意味着我们不需要任何改变。

互相学习，共同成长

当讨好者主动寻求帮助时，他们通常会寻找一位导师——一位能够传授知识、帮助他们成长和前进的专家。他们认为找对了导师就能学到生活技能，一切都会好起来的。

指导确实是有价值的，这意味着你有意识地接触比你更成熟的人。我既做过导师，也做过学员，这些经历对我来说是无价的。但我也见过单向的、填鸭似的教学关系，导师一心灌输，而学员只想接受。这种“灌输—接受”的学习方式更像是一场交易，而不是师生关系。

这样的方式在现实生活中往往行不通。单向的关系并不真诚，也不会长久。

“弟子不必不如师，师不必贤于弟子”，教与学不只是年长对年轻，学者对初学者，成功人士对创业者。“三人行，必有我师焉”，在真诚的人际关系中，只要怀着谦虚的心，无论何时何地，都可以相互学习。我们都有过别人没有的经历，如果我们只听从别人的话，就会失去自我。教与学不是固定的、单向的，它是灵活的、双向的。

我们之所以互相学习，是因为我们彼此在乎。

我一点也不反对正规培训。但是，如果我们把找到幸福的希望全部寄托于此，就会失去一些影响他人和接受他人影响的宝贵机会。教与学的目的是双方都能变得更好、得到成长。拥有（或成为）一个正式的老师，是方法之一。但除此之外，我们在生活中还需要另外三类人：

- 我们可以追随的人——那些在人生道路上走得更远的人（通常是年长者）。
- 我们可以结伴前行的人——和我们处于同一人生阶段的朋友。
- 我们可以引导的人——那些远远跟在我们后面的人（通常比较年轻）。

这颠覆了传统教与学的概念，从一个人输出、另一个人接受，变成了结伴前行、相互学习。

如果我们在人生旅程的不同阶段，有意地与其他人建立关系，结伴前行，那会怎样呢？也许我们都会快速成长。

社交的积极方面

真诚的人际关系给予我们的馈赠，对于孤独的人来说是难以想象的。独自面对生活，我们很容易拿别人的长处来对比自己的短处。随着我们的思路越来越狭窄，情绪越来越低落，我们将失去对事实的洞察力。在生活中遇到困难时，我们只能用自己仅有的资源来应对它，而无法借助外界的资源。

当你受伤的时候，有人全心全意地陪在你身边，听你倾诉而不试图改变你，就事论事而不带评判，你会有什么感觉？

他们是我们生命的支柱，在我们受伤的时候，他们理解我们的感受，呵护我们的心。当我们陷入自责而无法原谅自己的时候，我们能感受到他们的包容。

你有没有试过自己疗愈心灵的创伤？这会让人抑郁的。事实上，我曾听一位心理学家说过，抑郁是唯一我们无法靠自己摆脱的情绪。如此看来，如果没有别人的帮助，我们就无法逃脱抑郁的深渊。

简单来说，人类生来就是群居动物。

我们在生活中需要多少人的陪伴？也许没有我们想象的那么多。讨好者希望每个人都喜欢他们，所以他们在大众面前努力表现。这让他们相信，喜欢他们的人越多越好。

可是，我们需要的是真挚的感情，而不是狂热的粉丝，几个亲密好友胜过几百个点头之交。让我们重新开始，与真诚的人结交，他们允许我们做真正的自己，他们很安全，而且不试图改变我们。他们只是让我们做自己，跟我们一起走过这段生命之旅。

我曾问一些人："要多少个朋友才能让你开心？"他们回答说："再多也不嫌多！"实际上，美国康奈尔大学几年前做了一项研究，解析了这一心理现象。英国人类学家罗宾·邓巴博士做了一些深入的研究，发现我们需要多少个朋友与大脑中一个叫作"新皮质"的区域的大小有关，这个区域负责处理这类问题。

研究证明，我们大多数人可以维持150人左右的人际关系。这里并不是指"好朋友"，而是指我们认识的、偶尔互动的、有联系的那些人。

当然，我们与这150人的互动水平是有差别的，其中有些人会成为好朋友，而其他人则是常规联系人、同事或生意伙伴。例如，我们跟医生可能会一年交流几次，但我们跟爱人每天都会说很多话。

邓巴认为，对于大多数人来说，幸福主要来自3至5个好友，其中有一个是亲密至交。随后是稍大一些的圈子，有30至50个关系不错的人，其余的是“熟人”，这就是我们的关系网。这150人之外的其他人基本在我们的视线之外。

这就好比你的衣柜里囤着一大堆毛衣，但你常穿的也只有五六件。

最终的原因

我小时候，我们家几乎每年都要去加利福尼亚州中部的红杉国家公园度假。我们通常会租一间“林中小屋”，用柴火做饭，然后把剩下的食物残渣倒进一个金属垃圾桶里，放在覆盖着帆布的门廊上。

每天黄昏后不久，我们就会趴在窗户上看黑熊在垃圾桶里翻找食物，离我们也就三米远。（别想了，现在大人不再允许孩子故意去吸引熊了。）

白天，我们会逛逛百货商店，去公园散步，攀登莫罗岩。我们把花生放在腿上，看着花栗鼠爬到我们的腿上吃花生，还有冠蓝鸦飞来争抢掉在地上的花生。

我最喜欢的活动是公园护林员带队的野外漫步。护林员带领我们一边徒步，一边讲解周围神奇的自然现象，每天都有不同的主题。比如，第一天讲树，第二天讲动物，接下来讲种子赖以成长的土壤条件。

在我很小的时候，我就被深深吸引住了。有一回，一名护林员说：“环绕在我们身边的，是世界上最高大、最古老的生物——巨型红杉。”直到今天我还记得当时的震撼。她告诉我们，当第一批欧洲探险家踏上新大陆的海岸时，这些大树已经存活1000多年了。

雪曼将军树是它们的“老祖宗”。按体积计算，它是世界上最大的树。其他树也很高大，但雪曼将军树是最雄伟的，它已经存活了大约3200年。我们这些孩子会手拉手环抱这棵大树，触摸它的枝丫，但我们的人数从来都没能完整地环抱它的树干。

“你们觉得是什么让这棵大树屹立不倒？”护林员问。我在科学课上认真听讲过，还记得老师的话，于是，我胸有成竹。“主根，”我说，“树有一个巨大的根，笔直地扎进泥土，支撑着它。”我为自己的聪明感到自豪。

“猜得好，”她说，“不过，这些巨杉没有主根。”

这下我愣住了。我以为，当暴风雨、地震和其他自然灾害来临时，主根是防止树木倒下的唯一支撑。这位护林员却说这些巨杉没有主根，那么，是什么支撑着它们呢？

她说：“这些树的根系向四面八方延伸，一棵树的树根通常能够覆盖整整4000平方米的土地，但这仍然不足以支撑它们。这些树形成树林，紧挨着别的树，它们的根缠绕在一起。这才是力量的来源。简而言之，在最恶劣的环境下，这些大树相互支撑着。如果这些树中有一棵是孤独的，它将无法生存。”

我们很重视独立。对我来说也是如此，我很难开口寻求帮助或者依靠别人。就像一个两岁的孩子常常对妈妈说的那样：“我自己就能做！”

但我们生来就是群居动物，不是独居的，需要相互扶持。

不到暴风雨来临时，我们就意识不到我们需要彼此。危急时刻，我们会发现自己原来并没有主根。如果我们彼此孤立，就承受不住压力。孤独的人很难掌握处理生活的能力；只有在集体中，人们才能学会好好生活。

人类注定是要携手前行的。

11

树立信心：正确看待你自己

我的工作保密得连我也不知道自己在做什么。

——美国五角大楼的匿名工作人员

大多数酒店房间都贴了如何应对自然灾害的说明。在加利福尼亚州，我读过《如果发生地震怎么办》；在俄克拉何马州，我看过《龙卷风应急指南》；在一些沿海地区，我为应对飓风做好了准备。

在阿拉斯加州的费尔班克斯，我学会了如何对付驼鹿。

有一次，一家酒店邀请我去培训员工。我住进那里的一间乡村主题房，当看到桌子上的提示便笺时，我被逗乐了。我想，他们可真机智，把这个写得跟其他酒店的一样。我以为这只是个玩笑，因为驼鹿看上去人畜无害，而我对驼鹿仅有的了解是动画片里的波波鹿。

我把纸条拿到前台。“这是什么意思？”我问。接待员看着我，好像我是从外星来的。

“就是告诉你，如果遇到驼鹿，你应该怎么做。按照它提示的做就对了。”

“也就是说，你们这里有很多驼鹿咯？”

当我说这些的时候，我以为自己挺幽默的，肯定能逗得大家咯咯笑。

“每隔几天就能见到一回吧。”她面无表情地回答。

“真的吗？”

“对啊，它们常常在外面的停车场里闲逛。我们入口处的门框很矮，它们偶尔还试图进来。”

“如果遇到一只，会有麻烦吗？”我问。

“可能会吧，如果它们看你不顺眼，你就真有可能受伤。”

“那么，如果在停车场里遇到一只，该怎么做呢？”

她一脸不屑，指了指我手里的纸条，说：“你自己看看，这就是为什么我们要在房间里放这个。”我有点尴尬，但好奇心占了上风。我低头看了看那张提示条，还真是言简意赅：如果你遇到驼鹿，请站在树后面。

“没开玩笑吧？”我问。

“没错，你不要想着逃跑，它们很快会追上你。如果你站在树后，它们顶着巨大的鹿角，很难接近你。它们试过几次就厌倦了，然后会走开。”

想象一下，我的讣告上写着“死在驼鹿蹄下”，这似乎不太体面，所以我决定老老实实听她的话。

那天有些冷，我走了很长一段路。风景宜人，我却一直没敢放松。我一路上总不忘寻找离我最近的树，生怕有一只棕色的大家伙对我感兴趣。不过，我一只驼鹿都没看到，未免有点失落，我可是有备而来的。而且，在南加利福尼亚我也没能用上我的驼鹿知识。但我却学到了三条宝贵的经验：

1. 我并不是无所不知。
2. 以为自己什么都知道，会惹上麻烦的。
3. 遇到自己不熟悉的领域，最好向懂行的人虚心请教。

对于讨好者来说，这个故事值得深思。讨好者需要别人的钦佩，所以他们必须表现出能力很强并且无所不知。如果承认自己也有不了解的事情，他们就会对自己不满意。因此，他们力争让自己看起来既睿智又谦卑。一切不过是假象。

谦卑不是软弱，当一个人的内心有真正的自信时，他才会表现出真正的谦卑。假如那个人只是假装自信，那么他表现出来的是傲慢。

信心的重要性

别人是怎么看你的？你在他们眼中是从容自信，还是傲慢自大？

自信是一种鼓舞人心的品质。我们都喜欢跟自信的人在一起，他们能感染我们，给予我们信心和成长的希望。我们也想和他们一样自信。傲慢令人厌恶。我们不喜欢傲慢的人，他们卖力显摆他们知道得多，而且他们必须永远正确。我们会想："你以为你是谁？"

我们常常分不清自信和傲慢之间的界限，这两者之间的区别确实很微妙。在多数人看来，傲慢就是过于自信，我们不想被视为傲慢。有些时候，即使我们很自信，我们也担心言多必失，唯恐说太多显得傲慢，宁愿保持沉默。

可是，这两个词实际上没有任何关系。自信是对真实的自己有信心。也就是说，你不必假装成其他样子，你能清楚地认识自己，并接受自己。你感到没有必要向别人证明自己，而且愿意虚心向别人学习。

傲慢往往是由于缺乏自信。没有安全感的人总是不想让别人知道自己内心的胆怯，所以他们处处展现“自信”，虚张声势。他们试图用这种方式蒙蔽他人。如果他们当真自信，就不需要大费周章地博得别人认可。

自信的人通常不傲慢，傲慢的人往往不自信。

讨好者正是假装自信的一类人。相反，如果他们能学会真正的自信，就会成为真正的好人——能对别人的生活产生重大影响的人。

辨别自信与傲慢

人的一言一行会透露些许微妙的线索，我们可以从中准确地看出他究竟是自信还是傲慢。暴露出来的线索越多，就越容易看清楚。

尊重

傲慢的人更关心自己，他们经常打断别人的话，忙不迭地表达自己的想法；而自信的人发自内心地想要听听别人的看法。自信的人不害怕分歧，允许别人有不同的意见，而不觉得有必要说服别人。

守时

傲慢的人通常习惯性地不守时，而且就算迟到了也不会道歉。

一个自信的人，如果要迟到了，他会提前打电话告诉对方，并及时道歉。因为自信的人知道，别人和自己一样忙，所以会尽力不浪费大家的时间。

倾听

傲慢的人听别人说话只是为了得到好的回应。自信的人善于倾听，想要了解别人的看法，他们不会强行向别人灌输自己的观点，而是会由衷地赞叹："这真是一个有趣的想法，再跟我多讲一些吧！"

炫耀人际关系

傲慢的人喜欢炫耀自己认识某些名人，希望以此来给别人留下深刻的印象，他们就是想要"沾光"。自信的人可能认识一些名人，但他们不需要到处炫耀，在适当的情况下，他们会酌情地分享这种关系，但只是就事论事，而不是为了给别人留下深刻的印象。

肢体语言

傲慢的人往往举手投足间都能表现出他们的傲慢，当他们走进一个房间时，你可以看到他们近乎夸张似的昂首阔步。自信的人言谈举止给人踏实、舒适的感受。自信的人不会刻意吸引别人的注意，但他们自带光芒，在人群中总是最闪耀的。

责备

傲慢的人从不承认自己犯错或失误，遇到任何负面的事情，他们都要责怪别人。自信的人积极主动地为自己的选择和行为负责，遇到问题，他们会第一个说：“抱歉，是我错了。”

定位

当别人分享自己的经历时，傲慢的人总想显得高人一等，而自信的人喜欢听别人的故事，还想多听一些。

诚实地审视一下自己，看看自己在以上几个方面做得怎么样呢？根据这些标准，你身边的人会认为你倾向于自信还是傲慢呢？

尝试一下

我的一位密友遵从亨利·克劳德博士《如何让约会值得保留》一书中的建议与很多人进行非正式的约会，通过这种方式来了解自己喜欢什么和不喜欢什么（而不是为了找一个合适的对象）。按照要求，我的朋友至少要与25个男人约会，并且在达到这个数目之前，不得与同一个人重复约会。

后来她告诉我，在约会过程中，大部分男生自始至终都在努力展示自己有多么成功、多么值得拥有，以及为什么她应该对他们有好印象。有人甚至动用直升机接她去吃晚饭。当她没有立即答应下一次约会时，他就很生气，因为她没有迷恋上他。

他并不自信，他只是傲慢。

25 人中，除了第 8 号男士，大多数人都是这样。这位男士很自信，觉得没有必要特意证明自己。

她嫁给了这位男士，已经 6 年了，这真是太不可思议了。

自信的关键

作家玛丽安·威廉姆森说过："卑微只会让你碌碌无为，为了让周围的人感觉不到威胁而退缩是不明智的。"

让人更自信的秘诀是什么？不要试图表现得更自信，而是要变得更自信。不要拿自己和别人攀比。

当你在人群中看到有人比你更自信时，你很容易感到自卑。当感到自卑时，你会倾向于掩饰自己的不安，假装很从容。你相信自己蒙蔽了大家的眼睛，因为虚张声势是你的拿手好戏。但他们能感觉到事情有些不对劲，人们通常能够识破你的伪装，虽然他们不是有意这么做的。

真正自信的人有以下 7 个特征：

1. 你会为自己的信仰发声，不是因为你需要证明自己是对的，而是因为你不怕犯错。

2. 你是一名内心强大的倾听者。比起鼓吹自己的观点，你更感兴趣的是听听别人的意见。

3. 你诚心诚意地鼓励别人。你会体察别人，在适当的时候给予他们恰到好处的安慰和鼓舞。和你在一起的人会越来越好。

4. 你愿意寻求帮助。没有安全感的人害怕显得无能，但自信的人可以诚实地面对自己的弱点。

5. 你不会坐等别人给你机会，你只是默默努力，不吹不擂，一步一步地朝着目标前进。

6. 你对八卦不感兴趣。缺乏安全感的人喜欢贬低别人，以显摆自己高人一等，而你视其他人为人生道路上的旅伴。

7. 你勇往直前。对你来说，困难不是障碍，而是引导你寻找新途径的机会。

后续行动

你可能会问，真的有可能摆脱伪装，培养出真正的自信吗？

绝对有可能！无论过去怎样，我们都可以为未来选择一个新的方向。如果你习惯了从小到大都戴着面具生活（尤其是心理创伤所致），那么你也许需要专业人士的帮助，但无论如何，总是有可能改变的，希望永远不会缺席。

如何改变我们的态度呢？通过改变我们的思维方式。态度不是固定的，它是随时变化的，我们可以选择自己的态度，也可以改变它。詹姆斯·艾伦写过：“人类的每一次行动和感受都是由思维引导的。”思维在前，感受在后。我们想要改变自己的感受，就要从改变思维方式开始。

你有没有尝试过抑制自己的感受？无论是生气、伤心还是高兴，你都很难简单地说：“好啦，我不想再那样想了。”感受的能量仍然存在，它不可能说走就走。不要试图按捺你的感受——改变你的思维方式，感受就会随之改变。所罗门王说：“一个人想什么，他就是什么。”我们会变成我们所想的样子。

想要改变自己吗？想要拥有别人喜欢的态度吗？那么要关注你的思维，所谓“修好码头船自来”。当你有消极感受时，停下来问自己这两个问题：

1. 这种情况下的事实是怎样的？
2. 我能做点什么来改变这种情况吗？

如果你能通过行动改变现状，那就行动起来。如果你不能改变这种情况，那就专注于改变思维方式。

• 你在公众场合犯了错，感觉很尴尬，你认为每个人都在私下指责你。这时请提醒自己，只有你才是最关注自己行为的那个人，你做过的事、犯下的错，对别人来说，转眼就忘了。

• 你的孩子晚归了几个小时，你心神不宁，生怕他出了什么意外。试着挑战这些胡思乱想，列出其他可能出现的比较好的情况，尤其是之前经历过的。

• 你感觉失控了，这让你很不安。思考有哪些方面是你所能控制的，并专注于此。对于你无法掌控的事情，锻炼自己接受现实、适应环境。

培养真正发自内心的自信不是一朝一夕的事情。我们需要学习、锻炼，有时还需要别人的帮助。一旦你拥有了真正的自信，你就永远不必担心自己会变得傲慢。你会铸就一个健康的身心基础，自信地影响周围的人。当你的内心真正自信起来的时候，你不用表现，别人都能感受得到。

真正自信的人，对自己有十足的安全感，对他人怀着深切关怀。

这是重建之旅开始的地方——从一步一步地建立自信开始。

12

培养真诚：坦诚地面对生活

如果你真诚，其他一切都好说。如果你不真诚，其他一切都难说。

——无名氏

你很难再在电影院听到这样的话：“哇哦！他们是怎么做到的？”多年前，特效技术让我们大开眼界。我们在银幕上看到汽车自动驾驶、摩天大楼爆炸，或者喷气式飞机坠毁……我们会想：虽然是假的，但太逼真了吧！

有了电脑合成图像技术，我们不再感叹他们是怎么做到的了，我们都明白这是怎么回事，已经见怪不怪了。

几年前，我应邀参加了一家大型电影制片厂的研讨会。午餐时，我和一个年轻人坐在一起，我问他是做什么的。

“我是做网的。”他说。

我问：“这么说你做互联网工作的？”

“不是啦，”他说，“我是制作蜘蛛网的，我们正在拍电影《蜘蛛侠》，我负责他手上的蜘蛛网，让这些蛛丝飞出去时看起来真实而又自然。”

“那是怎么做到的啊？”我问。

“我们爬到摄影棚里的最高处，把一大捧纱线从上面一遍又一遍地抛下去。与此同时，用数码摄像机记录风、重力等因素对纱线的自然影响。然后我们用电脑把这些纱线做成一张蜘蛛网，看起来很逼真。”

不可思议。

摄影也是如此。过去，我们常常看到一些名人在危急状况下的照片，照片证明这些事情确实发生过。换作现在，我们的第一个想法是：这是真的吗？还是高手剪辑出来的？

技术好的话，我们可以利用编辑软件把一张照片修得看不出一丝破绽。合理使用这类工具可以帮助我们清除干扰，把照片修得清晰。当然，骗子也可以利用这些工具弄虚作假，欺骗别人。

作为讨好者，我们个个都是自我形象的编辑高手。我们知道人们想要看到什么，所以对自己进行“精修”以满足他们的期望。

我们修改自己的语言、调整自己的行为，希望别人相信我们就是这样的。我们以为自己给别人留下了深刻的印象，可没人觉得我们的表演很精彩。一番交流之后，没有人会感叹：“哇！怎么做到的？”

大家早已习惯了目之所及都是精心编辑过的生活状态。人们很少能看到真实的人在真实的人际关系中过着真实的生活。他们自己也在日复一日地编辑，理所当然地认为大家都是这么生活的。

不知不觉中，我们舍弃了真实的生活

我们不是从小就会弄虚作假。我们不会说：“我的理想是要过上虚伪的生活，这样就没有人知道我本来的样子了。”我们都想过愉快、舒适的生活，会竭尽所能去实现这一目标。我们希望人们了解我们，爱我们——只因我们本来的样子。

问题是，当还是个孩子时，我们就尝到了“随机应变”的甜头，我们会抓住一些小小的机会，掩盖真相，得到我们想要的结果。这在当时看来无伤大雅，而且还挺可爱，尤其是没被抓现行的话。一开始我们并不擅长，比如，衣服上明明沾着饼干屑，我们还辩解“不是我吃的”。我们渐渐长大，没有学会不偷吃，而是学会偷吃后要把饼干屑清理干净。

如果我们把自我价值寄托在别人的意见上，那么撒撒小谎的习惯很容易持续下去，直到演变成“人生如戏”。这一切发展得如此缓慢，以至于我们没有意识到掩饰和伪装已经成为生活的一部分了。为了得到满意的结果，我们一次又一次地容许自己撒谎。

几年前，我参加一个小社团。一天晚上，我们接到了一个看似简单的挑战：“你能坚持一整天不说谎吗？”

小菜一碟，我想。待我熬过了这一天，我就可以向大家报告这个好成绩，他们会对我另眼相看的。

第二天早上，我接到一位客户的电话。他在电话里表示，有一个问题他很在意。我希望我们公司能够处理这个问题，所以我顺口就说：“我有好几个客户都很关心这个问题。”

并没有“好几个客户”，就他一个，但如果我说了“好几个”，我们公司的机会就更大。严格来说，我没有撒谎，我是夸大了。但我还是故意歪曲了事实，我知道这一点。为了操控结果，我歪曲了事实。

真是大开眼界！但情况其实更糟，那天我发现自己有六次差点就吹牛了。对我来说，夸大其词似乎是信手拈来的事，而我甚至没意识到这一点。说出确切事实反而是一件需要刻意努力的事情。听起来是不是很熟悉？

- *你有没有对别人说过你很欣赏他们的建议，但其实并不是？*

• 你是否曾经告诉别人，因为你有别的安排，所以不能去和他们见面，其实你没有别的安排，你只是不想去见他们？

• 你是否忘记了爱人的生日，却告诉对方你打算在晚餐时给他一个惊喜？（但这是你现编的。）

• 跟别人交流时，你是否说出了大部分的真相，却隐瞒了一两处可能令你难堪的小细节？

• 你曾经欺骗过自己吗？（“我没有上瘾，想停的话，我随时都能停下来。”）

在之前的章节中，我描述过自己的一段经历，我在一次次的演讲中，会把一个故事越描越好，为了保持自己的真诚，我不得不抛弃夸张，把故事再改回来。经过那一段时间的反思，我对夸张这个行为越来越敏感。过去，我对自己这个夸张的毛病全无意识，通过那件事情，我把它摆到了明面上。

直到现在，我还是很惊讶，为了让自己在别人面前显得更好，我会时不时歪曲事实。当我说话不算数的时候，我就想找个借口来掩饰自己的懒惰或拖延。不同的是，现在我几乎每次都能意识到这一点，因为我对真诚做出过最初的承诺。我并不能永远不犯错，但至少我有了这个觉悟，我的内心是警醒的。

纳撒尼尔·霍桑在《红字》中写道：“一个人如果长期戴着面具，对自己是一个样，对公众却是另一个样，那到了最后，他肯定会被弄糊涂，分不清到底哪种样子才是自己真正的面孔。”

真诚是一面准确的镜子，我们可以用它清楚地认识自己。在电影《爱是妥协》中，黛安·基顿扮演的角色在发现自己的男人（由杰克·尼科尔森扮演）与另一个女人共进晚餐后，气愤地从餐厅里冲了出去。他追着她解释，两个人发生了激烈的争论。他说：“我从来没有对你撒谎，我总是告诉真相的不同版本。”

基顿反驳道：“真相是不分版本的，好不好！”

真诚是所有健康关系的基础。假如抛弃了真诚，我们无论读多少书、遵循什么建议、参加什么学习班都无济于事。如果我们的信誉受损，那么无论是送花、买巧克力，还是好话说尽，我们的关系都很难维持。它会像生了虫子的木材一样，尽管外表看起来还好，但内部却是千疮百孔。

讨好者如果想要恢复健康的生活，首先要承诺真诚地生活。假如你长年累月过着表演式的生活，这听起来简直不可能。你不可能一拍脑袋：“好吧，从今天开始我诚实了！”事情就解决了。改变是一点一滴发生的，留意自己的一言一行，时时提醒自己抵抗住诱惑，做出诚实的决定。

千里之行，始于足下

几年前，我为一家公用事业公司做一些咨询工作。我们当时在讨论微不足道的选择如何带来巨大的结果。员工们很快就明白了这个理念，因为他们刚刚经历过类似的案例。

他们的一位软件工程师做了些幕后操作，隐藏得如此之深，以至于从来没有人想过要检查一下他在做什么。他为公司开发了一套用于接收付款的程序。他知道，当顾客结账时，收费金额往往最小精确到一分钱，所以如果客户应付 45.99 元，电脑会把这笔账单四舍五入到 46 元。这家公司每月可从数十万份账单上多赚取一分钱，而这位工程师对程序进行了调整，如此一来，这些零钱就入不了公司账户，而是转入他的一个隐藏账户中。

公司从顾客那里得到了它应得的数额，而顾客也从来没有要求找零。这个程序基本上是自动运行的，没有任何保障措施来杜绝这类事情的发生。真是天衣无缝！没人能发现猫腻，因为这个程序由他负责。

后来，他向一个朋友吹嘘这件事，那个朋友揭发了他。我不知道他这样暗中牟利了多长时间，在他被捕时，他的隐藏账户中金额已高达五位数。

我认为我们可以从这个案例中学到很多东西（除了不要学着去盗窃公司或客户的钱财）。

- 一些微不足道的小事，不断重复，就会产生巨大的结果。
- 小错不改，终将演化成严重的恶习。
- 坚持做正确的选择，哪怕只是一些小事，也会帮助你养成受用无穷的好习惯。
- 想要成就大事吗？“不积跬步，无以至千里。”
- 如何避免厄运？小的选择很重要，所以小事也要慎重。

我们的日常行为、日复一日的琐事决定了我们是谁。每一个选择都很重要，每一天都值得认真对待。

每一天都要诚实

想要做出改变，为自己的生活打下坚实基础的讨好者们需要时时警醒，我们甚至会在自己没有意识到的情况下违背真诚。

我们早就习惯了言不符实，所以，想要打破这种固有模式，及时发现问题很重要。

我和妻子刚结婚的时候住在加利福尼亚州雷东多比奇的一栋小房子里。我们在打理院子时，发现了一株很可爱的幼苗。我不知道是什么植物，不过它很漂亮。

嫩绿的叶子舒展开来，看上去像张开的小手掌。它长得很好，我像照料院子里的其他绿植一样照料它。很快，它就长成了小花园里最好看的灌木之一。

过了一段时间，我们请几位朋友来家里吃晚饭。其中一个人是警察。

我们为自己精心布置的小院子感到自豪，所以得意扬扬地带他们去逛逛，请他们欣赏院子里的花和灌木。我们侃侃而谈，说当时怎么修剪草坪，安装洒水器，他们脚下的那片草坪原来是块荒地，现在被我们整理得完美极了。

走近那株漂亮的“小手掌”时，我们的警察朋友忽然问道：“这是什么？”

“我也不认识，但它很漂亮，不是吗？”

“是的，确实漂亮。这是你种的？”他问。

“不是，它自己冒出来的，不知道什么时候发芽的。它看起来挺酷，所以我一直照顾它。”

“你知道吗，”他说，“也许你别管它更好。”

“为什么别管它呢？”

“这是大麻。”

他做了些调查，发现我的邻居几个月前被抓了。他的院子里全是这种植物，这是违法的。当局已经清理了这处院子，但免不了还有些种子散落在地里。

我们以为自己是厉害的园丁，种的植物都生机勃勃，即使是偶然长出来的野花也长得很好。大麻刚刚出现的时候，我们没有质疑它，而是简单地认为它是一株漂亮的野花。

很多问题似乎就是这样，悄无声息地出现在我们的生活中，包括一些原本不属于我们的思想、习惯和态度。我们周围有些人可能在生活中把傲慢演绎得淋漓尽致，或者在口无遮拦方面表现得极具天赋，而这些有毒的“种子”在我们不注意的时候已潜入了我们的生活。我们往往毫无防备，以为它们是无害的，所以就让它们待在自己的心田里，给它们浇水，栽培它们。日复一日，它们越来越茁壮。

这些“毒草”可能看起来很漂亮，但它们很危险，正在破坏我们的生活。我们必须停止浇水，斩草除根。

获得成长的唯一途径是专注于那些帮助我们成长的事情，同时有意地剔除那些阻碍我们成长的因素。

过上幸福的生活

如果我们可以彻底告别谎言：我们的生活真实而美好，不需要矫饰；我们本来就很诚实，没必要假装。那会是什么样子的呢？人们会感到震撼的。

威尔·罗杰斯曾说："要把生活过成这样，即使把你的鹦鹉卖给镇上的话匣子，你也无所畏惧。"

真诚意味着表里如一，意味着你活得坦坦荡荡。

对于正在努力做出改变的讨好者来说，这样的生活真是令人心驰神往！

13

加强沟通：掌握沟通技巧

会说好几种语言是一笔财富，但在任何语境中都能够保持沉默是无价的。

——无名氏

当两个人交谈时，你是否感受过自己被忽视了？你在说话，但对方没有在听。对方问你一个问题，你就开始回答，他看着你的眼睛，但你能感觉到他心不在焉：他要么没有面部反应；要么被其他事情分散了注意力，东张西望；要么接起话来牛头不对马嘴。

当你的孩子第一次冲你翻白眼的时候，你就会尝到这种滋味。开会时你提出了建议，可没人回应，你觉得自己在对牛弹琴。有时候，这只是偶然现象；其他情况下，这成了一种模式。

如果这种情况反复发生，你忍不住会想，我这是怎么了？我有什么问题吗？你知道不能强迫别人注意听你说话。你想要有良好的沟通技巧，但如果别人不配合，你也只能如此了。

对于一个讨好者来说，这可能会让人觉得无计可施，而且很难改变现状。不过，一旦你理解了导致交流障碍的原因，你就可以采取一些简单的步骤，在别人面前重新掌握话语权。你不需要改变自己的个性，也不需要变成彻头彻尾的活跃分子，只需要掌握一些技巧，你就能调动别人的积极性。

重点在于：关注你能够控制的事情，这样才能建立健康的沟通模式。让我们从三个关键问题着手，看看如何建立这种理想的交流模式。

三种可能

当我们发现别人没在听我们说话的时候，往往会很自然地以为他们这是在针对我们。如果我们的话有价值，他们就会听的，对吧？既然他们不爱听，那一定是我们出了问题。

实际上，有三种可能：

1. 也许是他们的问题。

2. 也许是我们的问题。

3. 也许是交流的问题。

大多数时候，可能是这些因素的综合作用。接下来，我们逐一讨论每种情况下需要考虑的一些事情。

如果是他们的问题

他们也许没有听我们说话，但这可能与我们没有任何关系。

——他们可能是累了。

——他们可能分心了。

——他们可能刚好在生活中遇到了某些困难。

——他们可能是那种不善于表达自己的感受的人。

——他们可能只是对你说的内容不感兴趣。

揣测别人的想法并不稳妥。我们往往根据自己的观点来解读别人的行为和反应，但重要的是，要站在别人的角度去看待问题。

如果他们一向如此，那只能说他们本身就是有问题的。不管我们说什么，他们都沉浸在自己的世界里。他们非常自恋，也就是说，如果不是关于他们的话题，就很难引起他们的兴趣。就算他们在听，也不是在听你的观点，他们只是在伺机接过话茬，证明他们是对的（而你是错的）。

任何时候，将自我价值建立在别人的行为上，麻烦就来了。我们可以影响他人，但试图改变别人永远是徒劳的。

如果是你的问题

在社交活动上，有人告诉你，你的牙缝里塞了菜叶。这很尴尬，可至少你知道了。一旦你知道了，你就会处理这个问题，你会很感激他们的关心，帮你指出这一点。

交流也是如此。关于自己的表达方式，我们可能都有“盲区”，别人都能看到，但没有人告诉我们。如果我们自己也不知道，就无法处理这个问题。

内向型的讨好者常常觉得自己改变不了任何事情，因为他们“就是这样的人”。虽然他们无法改变自己的基本性格，但他们可以调整自己的沟通技巧，利用自身这种安静的性格。

也有外向型的讨好者。他们在交流中表现得更加活跃、随性，但最终往往因为口无遮拦而冒犯他人。他们可能也会觉得自己就是这样的人，但他们也可以调整沟通方式，在与别人的交谈中，变得更加清醒和敏锐。

好消息是我们可以改变。但是，要想改变，我们首先必须知道问题在哪里。

如果是交流的问题

当别人没有听你讲话的时候，并不代表你没有价值。这可能意味着你的沟通方式是无效的，而你自己没有意识到。

你没有寻找关联。你在滔滔不绝，但你没有寻找共同话题，你说的都是关于你的事情，跟对方毫无关系。

你说起话来事无巨细。即使别人对你的话题很感兴趣，如果你太啰唆，过于强调细枝末节，他们的注意力也会下降。说话最好是“言简意赅”，而不是长篇大论。

你打断别人说话。当别人说话的时候，你会联想到一些与你有关的事情，于是你就插话讲述自己的故事。假如他们还没有说完，你就把话题转移到了自己身上，这给人的印象会很粗鲁，也就是说，你觉得你的事情比他们的事情更重要。

你不断地转换话题。你一开始说得挺好，但是你一会儿换一个思路，东拉西扯，天上地下——直到你偏离主题太远了，别人跟不上你的思路。

你不虚心。假如你永远认为自己是对的，那就意味着你认为别人总是错的。健康的谈话是你来我往，而不是一个人的独白。

你经常很消极。如果人们意识到，无论他们说什么，你都会往坏处想，他们就失去了跟你交流的动力。

你说话带刺。幽默是一种强有力的工具，但讽刺是幽默的高级形式——而且很难掌握分寸。用不好的话，往往给人留下否定和攻击的印象，久而久之，别人自然对你敬而远之。

你说话太聒噪、声音太小或语速过快。人们接收信息的能力各不相同，如果他们听你说话太费劲，他们最终会听不下去。

这些都是常见的问题，并不影响个人价值。它们只是小菜一碟，就像牙缝里的菜叶。认识到问题是解决问题的第一步。

谈话时如何抓住别人的注意力

重要的是，将沟通模式视为问题所在，并加以关注，而不要因为沟通问题就轻易否定自己的价值。当你和别人在一起的时候，运用一些简单的沟通技巧，就能立竿见影。试试这几个简单的步骤:

说话干脆利落。提出一个观点，简单解释一下，然后询问别人的看法。

合理安排时间。给别人打电话或走进他们的小隔间时，记得先问：“现在方便吗？”如果时间不合适，那就重新安排，给出一个预计时间，问问他们什么时候有空：“你什么时候方便？我只需要十分钟。”然后在约定的时间内迅速结束谈话。如果你信守承诺，他们将来更愿意配合你的安排。

关注别人。你的故事和想法很有价值，但要确保每一次谈话对别人同样有价值。当你对别人表现出兴趣时，他们也更愿意关注你。

倾听别人，不加评判。通常情况下，我们更喜欢那些与我们志同道合的人。当你在某件事情上与别人意见不同时，可以去探索他们的立场，而不要试图改变他们。倾听是为了理解对方，而不是印证自己的观点，本着这样的态度才会建立起尊重。

别说那么多“还有……”。一次分享一个观点，一句话只包含一个话题。假如你一次说太多，别人会不知所措，不知道如何回应。

提问题，而不要直接给出建议。这种方式能让对方探索自己的感受，他们也会学着信任你。当对方准备好接受你的建议时，他们会主动问你的。如果对方没有提出来，那么说明时机还未成熟，还需要再等等。

保持专注。任何让你分心的事物都会成为沟通的障碍。举个例子，谈话时，请把你的手机彻底放在视线之外。如果手机就放在你旁边的桌子上，当它振动并在屏幕上出现信息提示时，你几乎不可能忽略它。当然，你可能只是瞄了一眼，但另一个人会注意到你没有给他百分之百的关注。

有意地回应对方。当你保持沉默时，你觉得自己在倾听——但对方可能不知道。你也许是在思考应该如何回应，如果是这样，让对方知道，这样他们就不会感到被忽视。根据他们所说的内容提出相关的、明确的问题，表明你正在认真地理解他的话。他们知道，如果你没听，也就不会提出这些问题。当你对某个话题真正感兴趣的时候，你就会真诚地倾听并回应，而不是机械地对答或者沉默不语。

要有耐心。谈话时不要看时间。你无意的一瞥意味着：好吧，我人在这里，但我的心思已经去忙下一件事了。如果你的日程确实很紧张，在谈话开始前告诉对方你的确切时间安排。然后，当着对方的面，在你的手机上设置好闹钟。这样，对方就知道你的时间安排了，在闹钟响起之前，你没有理由去看时间。

保持好奇心。锻炼自己以开放的心态进入对话。你的预期越高，就越难以耐心倾听。准备一份谈话议程是没问题的，但要关注对方的反馈，倾听他们话语背后的情绪。

积极向上。当别人分享他们的观点时，注意不要贬低他们的立场。除非他们问，否则不要评论他们的话。如果他们想知道你的想法，没关系，你尽可以表达自己的观点，但记得要强调，你只是在分享你的观点。你不必在每件事上都附和别人，你只想了解他们在想什么。

如何读懂别人的心思

有一种沟通障碍，在讨好者身上往往比在其他人身上表现得更明显，那就是：揣测别人的想法，然后信以为真地做出决定。

我们刚结婚的时候，有一天黛安异乎寻常地沉默。她没有笑容，眼神也不太对劲。在那前一天，我们讨论了小家庭的财务问题，但没能达成一致。这个问题一直没解决，所以我猜想她如此安静是因为心情不好，在生我的气。

自从我断定她生气了，我就开始思考我们前一天讨论的事情。经过一轮筛选，我锁定了一个关键问题，认为那就是我们之间的症结所在。我开始为自己辩护，觉得她这么生我的气，对我是不公平的。我开始思考，认为我方方面面都是对的，她的立场是错的。

然后我也沉默了，因为我对她很生气。毕竟，她还不了解我的全部理由，怎么能在这种情况下就对我不理不睬呢？我退出交流（我的默认设置），等着她说点什么。只要她一开口，我就能找到机会驳斥，发表我精心设计的论点。

她始终没提这件事。事情变得更糟糕了，我以为她对我们的关系满不在乎，懒得跟我理论。

我终于绷不住了，我必须说点什么。“你今天也太安静了吧。”我话中带刺地说。

她回答：“我不知道昨晚吃了什么，真是太难受了。”

不是我想的那样，而且事情变得更难堪了。

她接着说：“你自己也很安静，不过我知道你是为了给我空间。谢谢你没继续争论，我真的很感激。”

我对她的想法做了一番揣测。我不知道事实真相，所以自圆其说，并且信以为真。我以为我能读懂她的心思，事实上我大错特错。

心理学家将这种现象称为：错误归因。

意思是你相信你知道别人的情况，虽然他没告诉你；而且别人也清楚你的情况，虽然你没告诉他。

在任何关系中，读心术都有风险。因为它建立在假设的基础上，缺乏事实根据。要想知道别人在想什么，只有一种方法，且简单易行：直接问对方。

这对一些人来说有难度，需要加以练习，但只有在开诚布公的情况下，才能进行健康地交流。

要学会问："请告诉我，你是怎么想的呢？"然后不要插话，耐心倾听。他们可能会说出内心的想法，或者分享他们的感受。两种都可以。我们的目的是理解，而不是说服。给予别人信任，让他们在你面前感到安心，你就会为真正的成长打下基础。

让别人注意到你

你希望人们注意听你说话吗？不要盯着（你所认为的）自己的缺点，你需要关注的是沟通方式。

如果想让别人喜欢你，那么你需要良好的沟通能力。幸运的是，沟通不是与生俱来的，任何人都可以学习并提高它。你越是勤加练习，就越容易与别人建立亲密关系。

作为一名讨好者，你比大多数人更有潜力成为一位高效的沟通者。在关注别人这件事上，你已经做过充分的练习，只是动机不对：你努力让别人自我感觉良好，这样他们就会喜欢你。现在，你这样做是因为你认为自己很棒，你有信心可以帮到别人，你真正地为别人着想。

从现在开始，你将抛弃生硬的对话，学会真正的交流。

14

培养好奇心：保持求知欲

下结论的那一刻，就是你厌倦了思考的时候。

——无名氏

你最珍视的人际关系是否变得平淡乏味了？

- 过去你和兄弟姐妹在一起时总是欢声笑语、充满活力，但最近你们之间的关系变得过于呆板乏味。
- 你经常和几位亲密的朋友聚在一起喝咖啡，但最近你们的聊天变得索然无味，没了往日的相互支持。
- 你感觉自己与父母（或孩子）已经没有什么共同话题了。

* 老板或同事的神情让你感到疑惑，你怀疑他们是不是对你有什么意见。

看起来是不是很熟悉？你并不孤单，每个人都有这样的经历，即使是最美好的关系也经不住时间的冲刷。

当关系归于平淡的时候，我们很容易接受“花无百日红”的现实，以为人与人之间总有厌倦的那一天，对此无能为力，激情只是一时，平淡才是常态。

但事实并非如此，也不是必然如此。人际关系很大程度上决定了我们的生活质量，如果我们的人际关系很糟糕，那么就算取得了再大的成就，也没有什么意义。

讨好者知道怎么做可以赢得别人的好感，为了得到预想的回应，他们已然开发了富有成效的“讨好套路”，并且反复使用，以不变应万变。他们通常不会尝试改变，因为他们已经活得太累了。讨好别人有太多的事情要做，所以何必再给自己添乱？

一方面，讨好者似乎并不是很有创造力，他们受制于一种行为方式；另一方面，他们比大多数人更富有创造力。他们孜孜不倦地研究别人的反应，变着花样地迎合别人，满足自己的需求。他们之所以有创造力，是为了生存，不得已而为之。

副作用是他们的生活变得无聊。事情总是千篇一律，没有什么新鲜的或者令人兴奋的元素。随着时间的推移，讨好者会陷入焦虑和沮丧，并且感到气愤，因为他们费尽心思讨好别人，却没有人试图讨好他们。他们的那套模式不起作用，得不到回报，他们的情绪开始螺旋式下降。

事情并非注定如此。讨好者可以尝试的一个基本突破口就是超越平庸。他们需要的是好奇心，想一想如何创造性地建立人际关系。

改变，从现在开始

今天，你醒来时，已经挥别了过去。你变了，变成了一个全新的你，因为：

- 与人交流能够带给你不同的想法。
- 美食不仅滋养你的身体，同时也丰富了你的心灵。
- 每一段经历都会激发你思维的火花。
- 你的选择影响你的结果。
- 你品味着从未有过的感受。

每一天，你都在改变。也许这些变化并不明显，但是你已经成就了更好的自己。而且，改变是一辈子的事。

现在，你是你迄今为止所有人生经历的集合。它们之中，有些是积极的，有些很消极，但所有的经历共同成就了今天的你。每一天都是崭新的，明天的你又将不同于今天。你的爱人、老板、孩子、邻居，你生命中的每一个人都是如此。改变的进程如此缓慢，以至于你很难察觉到。所以，一年半载，你以为身边的人跟以前一样。而且你们在一起的时间越长，你就越确信自己十分了解那个人。

但实际上你没有那么了解，他们都在改变。如果你看不出来，那么你对他们的了解就不如从前了。这是很危险的，因为你开始想当然地以为别人应该这样或那样。

当你的生活中迎来一个新生儿时，你完全不了解她，她是全新的。你时刻观察她、研究她，想知道她是一个什么样的宝宝。你试着去了解她喜欢什么、不喜欢什么，观察她对各种事物的反应，以及她的性情。假以时日，你越来越了解她。

你对她充满了好奇，你忍不住去了解她的新情况。如果有一天你不再感到好奇了，你就会以为她一点都没有改变。

我有几个高中时期就认识的朋友，现在我们在社交媒体上保持联系。他们都是很好的人，我很庆幸有机会保持联系。

但我们已经几十年没有坐下来好好聊天了。如果你要我介绍他们其中的一位，我还是会按照我记忆中的样子来描述他。

可是我知道他们不再是过去的他们，我也不再是以前的我，这些年来生活改变了我们。你也是。

如果你和某人的关系开始变得乏味了，很可能是因为你没有看到正在发生的变化。你眼中是他们过去的样子，而不是现在的。他们身上发生了什么事呢？你不再好奇。

如果你认为他们不会改变，你就只能接受感情越来越平淡。对周围的人保持好奇，就会出现两种现象：

- 你会兴致勃勃地去了解关于他们的新情况。
- 你不需要操纵他们对你的看法，因为你正忙着拥抱一段真挚的关系。

我们是如何失去好奇心的

孩子天性好奇。如果你和四岁的孩子相处过，你就知道他们一天要问多少次“为什么”了，因为好奇，他们不停地探索。当他们学会做某件事的时候，会一遍又一遍地重复。没有人督促他们，他们这样做，纯粹是为了享受探索的乐趣。

大多数成年人已经失去了这种好奇心。我们不是忙于生活，就是忙着工作，没有时间去探索。那么，我们是从什么时候开始失去了好奇心的呢？当我们还是孩子的时候，好奇心会给我们带来一些不太美好的体验，我认为事情就发生在这个阶段。

从心理学的角度来看，孩子失去好奇心，主要有三个原因：

1. **恐惧。**如果孩子生活在没有安全感的环境中，他们的探索就是没有退路的，没有安全和舒适的“港湾”在等着他们返回，他们也就渐渐失去了探索的勇气。家庭危机让孩子感到焦虑，他们会紧紧抓住一切能够保障生存的东西。

2. **遭到反对。**例如，如果父母讨厌孩子回家时鞋上沾满了泥巴，孩子就会停止去花园里探索泥土、挖蚯蚓。

3. **缺乏陪伴。**有了父母的支持，孩子就会感到安全。但是，如果父母不在身边或者不关注他们，这些孩子就失去了探索世界的底气。没有人分享他们探索的成果，而这正是他们保持好奇心的动力。

成为一个有好奇心的人

我们可以做些什么来保持好奇心、建立一种充满好奇的生活方式呢？试试以下建议：

1. **锻炼好奇心。**当你从熟悉的地方开车回家时，换一条路试试。去餐馆的时候，记得试试以前没有点过的菜。提醒自己，你这样做是为了看看自己不熟悉的领域。

2. 提一些开放式的问题，给自己留下思考的空间。不要问你的爱人：“今天过得怎么样啊？”而是说：“说说看，今天有什么新发现？”不要问你的孩子：“谁是你最好的朋友？”而是问：“你最好的朋友身上有哪些吸引你的地方？”

3. 当别人表现出好奇心时，肯定他们。“你这个观点真有趣！我喜欢你能观察到别人看不到的东西。”

4. 到闹市中去散步。试试看，除了人为的噪声，你还能听到些什么，比如鸟儿啾啾、河水潺潺，还有风吹树叶的沙沙声。探索、倾听和简单观察周围环境所能带来的价值。

5. 像记者那样。遇到任何事情都要问：是谁、是什么、什么地方、什么时间、如何发生，以及为什么。

6. 不要让自己无所事事。如果你感觉无聊，承认它，但要把它作为一个触发器来探索一些东西。你还可以帮助其他人尝试这种模式。

7. 如果你失败了，大大方方地承认。失败意味着你又积攒了一条经验，认识了一条行不通的路，知道了一件不起作用的事情，所以你离成功又近了一步。失败，然后振作起来继续前进，这是一辈子的修行。

8. 重视提问的价值。让别人认识到，向你提问是安全的，冒险回答你的问题也是安全的，就算答错了也没有关系。

9. 对媒体和网络保持节制。电视和手机可以成为学习的工具——但它们只能单向地输出信息，而不能激励你去探索世界、发现问题。

10.当别人和你分享他们的新发现时，不要急于贡献你的认知，把这一刻交给他们吧。你可以围绕他们的话题提出一些探索性的问题，这样，他们就更热衷于探索和分享了。

爱因斯坦曾说："我没有什么特殊的才能，我只是非常好奇。"

如果你带着好奇心重新投入一段重要的关系，那会怎样？如果你把每一次交谈都当成一个了解对方的机会，去探索对方的新想法，以及对方为什么这么想，那会怎样呢？

不管你跟一个人认识多久了，永远不要以为你完全了解他。

你们在一起的每一天都有机会去探索彼此内心的改变，发现对方的小秘密。如果你真的在乎那个人，不要盲目地以为你对他了如指掌。试着换个角度去思考，他每一天都在改变，哪怕只有那么一点点不同，我也想要去了解那一点点的变化。

当他们告诉你最近发生在他们身上的事情时，提一些问题，让你们的交流更深入一些。

"那你当时是怎么想的呢？"

"然后呢？"

"所以你对那个人或者那件事的看法有了什么改变吗？"

"这对你有什么影响呢？你感觉怎么样？"

"你打算怎么做？"

…………

具体怎么提问并不重要，只要能表达你的关切和好奇。

他们的答案为你提供了新视角，让你能够从他们的角度去理解他们。

爱一个人最好的方式就是对他满怀好奇。你用不着想方设法地让别人喜欢你，你的关切自然能得到回应，虚情假意到头来只能是竹篮打水一场空。

如果你的人际关系变得乏味，那么你的生活也会变得无趣。不要选择得过且过，我们每个人都拥有一种能够化腐朽为神奇的利器，那就是我们的好奇心。

发现身边的美好

我在旧金山的路边见过一位街头音乐人。他是个10岁左右的男孩，穿着一套不太合身的西装，还打着领带，用小号来来回回地吹着几个简单的音符。他面前放着一个盛着零钱的纸盒，上面写着："请帮我凑钱学小号。"

不管这位小乐手的演奏水平如何，有一件事是肯定的：几乎没有人停下来听。路人会避免眼神接触，打着电话，行色匆匆。

偶尔，有人会放慢脚步，往箱子里投几枚硬币。可能会有一两个人驻足听几秒钟，之后就忙着赶路去了。

但如果是天籁之音呢？你会停下来吗？你会允许这一点美好挤进你的生活吗？

《华盛顿邮报》决定找出答案。2007年的一天，他们找来世界上顶级的小提琴演奏家约书亚·贝尔，请他在华盛顿特区一个地铁站的入口处为路人演奏。这样一位艺术大师，平时他的演奏每分钟能赚5000元，而且他演奏用的是一把1713年的斯特拉迪瓦里小提琴，价值2000万元。

约书亚身穿长袖T恤，戴着一顶棒球帽，站在一个垃圾桶旁边，他演奏了6首高难度的古典乐曲，用了45分钟。

总共有1097人路过。直到演出开始6分钟后，才有人注意到他——一个中年男子放慢了脚步，稍微看了一会儿，然后继续赶路了。几米外排队买彩票的人看都没看他一眼。

在这45分钟里，只有7个人停下来听了几秒钟。约书亚一番努力，收获了200元。

有一个人曾试图停下来聆听，他扭过头伸长脖子想看得更清楚些。他叫埃文，他很想去听约书亚的音乐会，并为此拼尽全力。他本能地知道遇到了一位了不起的音乐家。但是他未能如愿，他妈妈拉着他的手一直往前走，因为他们要迟到了。

埃文那会儿只有3岁。

我们很忙。我们忙着做重要的事情：与重要的人交谈、参加重要的会议、赶往重要的地方、赶上重要的截止日期。可是，我们是否错过了近在咫尺的伟大？

我们的人生都会经历一些伟大的时刻，也许我们没有遇到过用天价乐器演奏的大师。但我们听过孩子稚嫩的声音，我们拥有爱人的心。窗外传来鸟儿的鸣叫，清风送来一朵花的芬芳。我们还可以心生好奇，停下来倾听自己内心的声音，或者只是停下来一会儿，就这样。

诗人 W.H. 戴维斯写道：

生活会变成什么样，
假如整日充满着忧患。
我们没有时间去驻足欣赏。

奇迹就在我们身边。今天让我们放慢脚步，心怀好奇地寻找它。就算生活再忙碌，也不要错过身边的美好。

15

集中注意力：专心致志

一个人无法同时追赶两只兔子。

——无名氏

假如我想整垮我的朋友威尔，哪种方法最好呢？

1. 引诱他染上赌博或吸毒等严重的恶习。

2. 给他 20 个不同的机会，每一个都是他感兴趣的，并且承诺让他成功。

第一个是明目张胆的破坏，因为那会毁掉他的生活和他的感情。但第二个才是最阴险的，因为这乍一看还是好事。

在当今社会文化中，大多数人都懂得趋利避害。可是，当如此多的机会摆在面前时，我们却无法决定专注于哪一个。所谓机不可失，每一个机会我们都不想错过。结果呢？虽然机会都是好的，但因为我们的精力过于分散，所以效率低下，一件事都没能做好。

讨好者往往是最被动的人。他们总是迫不及待地想要得到别人的认可，时刻准备着抓住一切可以表现的机会。这就意味着，他们不会轻易放弃任何一次机遇。他们的任务清单永远没有尽头。

大多数人会说："好啦，人又没有三头六臂，不可能揽下所有的事情。去粗取精，把重要的事情做好就行了。"但在讨好者眼里，他们早已习惯了根据别人的需求来决定自己要做什么。他们从早到晚地忙着鸡毛蒜皮的小事，但大多是无用功，没有什么事情对他们的健康和人际关系是真正有益的。

如果你想成为一个身心健康、受欢迎，且有益于社会的人，那么培养专注力是至关重要的。

这适合我吗？

我的日常工作就是教人们如何做出选择，让他们能够掌控自己的时间和精力。我专门从事时间和生活管理的研究，教授关于提升个人效率的研讨班。在这个领域，我算得上是专家。我帮助过成千上万的人，指导他们从密不透风的生活节奏中找回了自由。

但即便是我，也做不到永远保持清醒。任何人都做不到。所以我们要提高警惕，要保持专注，否则，热力学第二定律就要有话说了。通俗地说，如果我们不踩油门，行驶中的汽车就会慢慢减速，直到停下来。同样地，如果我们不能控制自己的时间表，时间表就会控制我们。

对于一个讨好者来说，分心会让所有的努力付诸东流，专注才是迈向成功的起点。

20 世纪 80 年代，我刚从事时间管理教学时，把焦点集中在如何完成所有的任务上。我根据任务表，制订工作计划，按照优先次序把每天要做的事情排列好，依次处理它们。

如今我们再谈时间管理，已经不再是把所有事情都做完的问题，因为我们根本做不完，而是选择需要做的事情。这很困难，因为所有的选项看上去都很好，而且都很必要。

对于那些一心想要有所作为的讨好者来说，情况更糟。他们以为好事做得越多，产生的影响就越大，所以他们不得不把一切都办好。但在这个过程中，他们的效率非常低。

他们迷失了焦点，分散了精力。他们不懂得“擒贼先擒王”的道理。

焦点越明确，效率就越高。如果有人向我们扔来一个球，我们很容易就能接住它。但如果是两个球，我们的注意力就被分散了，只能给每个球 50% 的注意力。最后两个球都弄丢了。

少即是多

早上醒来时，你的大脑是否立即进入了待命状态？甚至你还没起床，待办事项就像一群蜜蜂似的，嗡嗡地拥进你的脑袋。“焦虑大魔王”一把扼住了你的喉咙，粗声粗气地说：“来吧，行动起来，还有很多事等着你去做呢，都来不及了……”

你的焦虑很可能早在几个小时前就开始发作了，害得你睡不好觉。（半夜数羊是不是很难受？）早晨，焦虑尾随着你走出卧室，朝气蓬勃与你绝缘，你只想吃半块面包当早餐。

这不是一天的正确开启模式。你可能偶尔这样，也可能常常这样。但这是我们都经历过的——感觉太糟了。

我在这里提供的解决方案可能看起来有些不靠谱，但对于讨好者来说，取得成效的关键是少做，而不是多做。当我们感到压力巨大时，多数人会选择更加努力地工作、更加自律，但如果不懂得区分轻重缓急，我们就永远无法摆脱没完没了的任务清单。

作家加里·凯勒在他的著作《最重要的事只有一件》中分享了他的一段个人经历。他的团队通过削减任务量取得了巨大的成效。他们一开始有 12 个目标，之后删减了一半。最后，他们只保留了 3 个。他们每一次缩小关注范围，效率都会得到提升。

最后，他们选择把全部注意力集中在一个目标上。跟这个目标相比，其他一切任务都黯然失色。结果，他们的效率飞速提高。凯勒说："非凡的成就直接取决于你的注意力集中的程度。"

怎样处理注意力分散的问题

你去商店本来是为了买牛奶，出来的时候，你带着打折的薯条，清仓货架上的纸杯蛋糕，还有你最喜欢的奶酪。

回到家，你才发现忘了买牛奶。

再举个例子，你需要从昨天的电子邮件中查找一个资料。你打开笔记本，回复了三条信息，点开微博上的一个帖子，又看了一段有趣的视频，之后浏览了一遍朋友圈……三十分钟后，当你合上笔记本时，你才发现还没有找到资料，你不得不重新坐下来。

每天都有成百上千的事情在争夺我们的注意力，我们很难把精力集中在当下最重要的事情上。广告商处心积虑地打造各式各样的信息和包装来吸引我们的眼球。这就像一个不遗余力的阴谋，无论我们在家里还是在购物中心，这个嘈杂的世界无时无刻不在分散我们的注意力。

阴谋得逞了，受影响的不止是讨好者，每个人都或多或少受到了影响。今天，我们身边的事物比以往任何时候都更吸引人，我们也比以往任何时候都更容易分心。我们需要的，不是更好的时间管理（因为时间是不能操控的），而是管理我们分散的注意力。

人们很容易想当然地认为高效率的人比低效率的人更善于思考。他们的大脑肯定与众不同，所以普通人注定只能当陪衬。但事实并非如此。

研究表明，人的大脑惊人地相似。大多数人的脑容量基本相近，而且非常庞大。每个人都能够掌握海量的信息。可是，我们的工作区间都很小。所谓工作区间，就是我们集中注意力的地方。如果工作区间里塞进了太多的东西，我们就会失去注意力。

把它想象成你的办公桌，它是用来工作的，不是用来储藏的。如果你的桌子上堆满了杂物，那么你就很难集中注意力。当我们的工作遇到了瓶颈时，有太多的事情会吸引我们的眼球。

你可能会说：“好吧，我的桌子是挺乱的，但我清清楚楚地知道每样东西在哪里。”说的没错，可这样一来，你的办公桌成了杂物招领处，而不是一个工作区间。一张凌乱的办公桌，问题不在于凌乱本身，而在于它容易让你分心。

我们大脑的工作区间也是如此。这是一块用来处理任务的小桌子，而不是杂物寄存处。

你不是爱因斯坦

一提起聪明这个词，人们通常会想到阿尔伯特·爱因斯坦。

他思考宇宙，并提出了相对论。我问过一些朋友，什么是相对论，没有人能说明白。大多数人所能想起来的，也就是在学校里学过，但除了在考场上还能写出答案，其他都想不起来了。

我们都知道爱因斯坦很聪明，我们会说："他跟我们完全不在同一个思维层面上，他比我们聪明太多了，那简直是天壤之别。"

问题是，当看到爱因斯坦（以及其他伟大的人物）所取得的成就时，我们就会想自己只是一个普通人，永远也做不到那样。这就是为什么人们总拿这句话为自己开脱："我不是爱因斯坦。"

是的，你不是爱因斯坦，你做不出爱因斯坦那样的贡献。你就是你，你能做出宇宙中除了你之外没有人能做出的贡献。如果你不能贡献出你的力量，那就是这个世界的损失。

那么，你和爱因斯坦之间有什么区别呢？

首先，爱因斯坦没有电子邮箱。不开玩笑了，爱因斯坦之所以能想出那么厉害的相对论，可能是因为没有那么多让他分心的事情。

把爱因斯坦带到现代，想象一下，他坐在桌子前，思考着宇宙的奥秘，但他遇到了一个难题，不知道该怎么做。然后他开始翻阅电子邮件，或者刷微博，给朋友们发微信，看看他们的朋友圈。

过了一会儿，他再次尝试沉思，但他的宇宙探索仍然没有任何进展。于是他拿起手机，玩了几把小游戏。

小小的干扰会导致我们无法集中注意力。但更重要的是，这些干扰夺走了我们的动力。我们每一次分心之后，都需要一段时间才能再次集中注意力。

我不认为爱因斯坦和我们有什么不同，只要不分心，我们就有可能做出惊天动地的成就，甚至超越爱因斯坦。

你有没有一直坚持在做的事情，而且这件事情十分重要，如果你弄懂并完成了这件事，你的生活将会出现质的飞跃。

可是，这件事特别困难（但又特别重要），需要投入精力并且保持专注。当你投入其中的时候，你会经常分心吗？是什么分散了你的注意力？如果你能抵抗这些干扰，事情会怎样？一切都将不同。

爱因斯坦之所以能取得如此惊人的成就，原因可能就是他的注意力高度集中，他是注意力集中的典范。事实上，爱因斯坦曾说："不是因为我聪明，而是我和问题相处的时间比较长。"

准备好做出改变了吗？

慢慢放下你的手机……

16

锻炼照顾自己：寄希望于自身

关机几分钟，几乎所有问题都能修复，你也是这样。

——安妮·拉莫特

我的朋友们聚在一起玩一款名为“卡坦岛”的桌游。他们一边吃零食，一边讨论战术，整个晚上就这么过去了。

几个讨好者认为这是在浪费时间，在他们看来，这些人一晚上没干正事。他们说：“我永远做不到这样，我没有这么多的时间留给自己，因为我的任务清单太长了。我没法安心地玩桌游，就算玩，也只会满心内疚地玩。”

我的朋友们可不这么看，他们很享受这样的游戏时间。

那么，谁是对的呢？他们是在浪费时间吗？当我在电视上看曲棍球比赛；当我约朋友出去喝咖啡或者吃饭；当我走很长一段路，不为锻炼而仅为放松。我是在浪费时间吗？

马特是一名教师，午餐时间很短，每次我们约午餐，他花在路上的时间比我们见面的时间还长，这是浪费时间吗？

有些人想保持高效，每时每刻都要向着目标前进，否则他们就觉得是在浪费时间。对他们来说，花出去的每一分钟都应该有所回报。

那么，怎样才算浪费时间，有什么评判标准吗？如果这所谓的“浪费”实际上是有价值的呢？假如我经过一段时间的休整，从繁忙的日程中恢复过来，那么时间就没有浪费：我恢复了体力、注意力和工作效率，休息赋予我创造力，休息带来的回报远高于我花在上面的时间。

创造性的工作不能急于求成。想象一下，让米开朗琪罗一口气画完西斯廷教堂天顶画。

培养人际关系不能急于求成。建立人际关系的唯一途径就是花时间陪伴。陪伴不是花费时间，而是投资时间。

当我们浪费东西时，我们把它扔掉，如此一来，它对我们就没有任何价值了。当我们投资某个事物时，回报是翻倍的。如果我们以生产率的标准去衡量时间，那么休息永远是一种浪费。可是，如果我们从维护情感关系和恢复身心健康的角度去权衡时间，那么休息永远是一种明智的投资。

我们休息是为正常工作做准备。但对于讨好者来说，他们做事的动因是为了博得别人的好感。讨好者们经常崩溃，因为在他们的生活中没有“停机”设置，只有“运行”。

当我们习惯性地从别人的意见中寻找自我价值时，我们会觉得把时间和精力投入到别人身上比照顾自己更重要。我们全心全意地讨好别人，照顾自己反倒成了错误。

事实上，想要有效地帮助别人，照顾好自己才是我们能够做到的最重要的事情。这就像飞机上的安全提示：在帮助别人之前，请先戴上自己的氧气面罩。如果我们把别人放在第一位，我们很快就会完全失去帮助别人的能力。

关照自己是一种可以学习的技能，而且它的好处可以说是立竿见影。困难在于改变我们的心态，要相信努力是值得的。

关照自己的三个步骤

改变惯有模式对于讨好者来说是一项全新的挑战，我们需要采取简单、重复、循序渐进的方法。当品尝到改变带来的好处时，我们就获得了动力，将改变继续进行下去。思考下面的每一个步骤，然后开始将它们应用到你的实践中。

1. 立足于过去。

如果你的房子忽然着火了，逃出去的时候你会带走什么？

这是一个老掉牙的问题，而且我们的答案都是类似的：

家人以及宠物。

相册（家庭成员的照片）。

特殊的纪念品（家庭成员制作的有特殊意义的东西）。

我从来没听谁说“我要搬走沙发”或者“这吊扇花了我好多钱，我要带走它”。能替换的东西，我们就会丢下它。

一件东西的价值不是来自它的成本，而是来自寄托在它身上的情感。危急关头，我们抢救的是那些不可取代的东西——那些表达了我们和他人之间感情的东西。

我妻子精心制作了几本相册，这些照片重现了我们婚姻生活的点点滴滴。其中有我们一起做的事，我们的孩子、孙子和朋友。这些照片记录了一些具有纪念意义的重要时刻，叙述了我们如何一步步走到今天。我妻子还在相册里写了很多感想，它们仿佛成了我们的生活日志。

每当有人想知道过去的某个时刻发生了什么事情，有哪些人参与时，我们就会翻出对应的相册，很快就能找到答案。

但这还不算完事，我们总会不知不觉地浏览起其他照片，过去的回忆太美好了。“嘿，看这张！还记得你留鬓角的时候吗？

还有这卷发也太疯狂了！我都不记得你还染过这种颜色！”

相册让我们回忆起曾被遗忘的时光，这是一件好事。活在过去，不可自拔地沉浸在“过去的美好时光”里，是不健康的。不过，让我们的过去为我们的现在提供意义，生活就丰富起来了。这就是我们为什么要学习历史的原因，记住曾经走过的地方，我们才能更清楚地认识自己现在所处的位置。

在我们弥留之际，我们不会去想我们的院子是怎么布置的，我们会想到和我们一起在院子里玩游戏的人；度假的风景并不重要，重要的是谁和我们一起旅行。我们会记住那些和我们一起创造回忆的人。

为什么这对讨好者来说很重要？因为他们倾向于忽视过去，认为过去的一切都是为了从别人那里得到想要的肯定。他们重视现在也是出于同样的原因。

用健康的方式去关心、帮助他人，我们就能活在当下，为我们的将来打造出真正有价值的回忆。在未来的某一天，回首现在，我们会感到由衷的快乐。

2. 审核你的信息输入。

已故演讲家、作家查理·琼斯说过：“五年后，你几乎和今天一样，除了两件事——你读的书和你身边的人。”我不确定这句话对我的人生观产生了多大影响。但这类名言塑造了我对阅读和交谈的热爱。我想应该是这样的：

- 我们会变成什么样的人取决于我们的想法。
- 我们的想法来自我们接收的信息。
- 我们依靠感官来接收信息——特别是我们看到的和听到的。
- 我们可以选择看什么和听什么。

如果我理解没错的话，那么构成我思想的要素是：

- 我与他人的谈话。
- 我读的书。
- 我看到的事物。

这个结论是不是很合理？如果我想变得比现在更好，我需要精心挑选我的“精神素材”。

每天都有很多信息想要引起我的注意。我开车时，广告商在路边的大屏幕上卖力地吆喝；我看电视时，它们冷不防地冒出来打断我最喜欢的节目；我给车加油时，它们在加油站的小屏幕上又唱又跳，试图说服我去办卡，或者进去吃点零食；我的收件箱里塞满了各式各样的请求；雪花似的传单扔在我家的门阶上，卡在我的汽车挡风玻璃上，或者从人群中忽然塞到我手上，想方设法让我看上一眼。

这也不全是坏事。事实上，有些东西还是值得我们去阅读、发现和观察的。但是，可供选择的东西实在是太多了，应接不暇，我没法照单全收。如果我只是被动地接触这类信息，我最终会选择那些最显眼的。这些元素将影响我的思想，从而塑造我的人生。

如果你的橱柜里只有糖、黄油和巧克力，你就不可能做出健康的零食。它们虽然好吃，但不健康。你需要换一批原料，才能做出健康的食物。

那么，如何将迎面而来的海量信息进行分类和排序，以确保得到最好的结果呢？

- *确定你想成为什么样的人。*
- *决定使用哪些素材将自己锻造成那样的人。*
- *有意识地选择最好的素材。*

高品质的素材产生高品质的结果，低品质的素材导致低品质的结果。无一例外，如果你想要高品质的生活，那么你必须对所有的选项精挑细选。

3. 活在当下。

我倾向于为明天而活，尽管这并不是我的本意。我知道应该着眼于过好每一天，但我的任务清单太长了。（你呢？）所以当我处理清单上的事情时，我的注意力通常不在任务本身。我不会去思考我正在做什么，也不会享受当下，体验每一段经历。我满脑子想的都是满足别人的期望，这样别人就不会对我感到失望。我努力完成这个任务，然后奔向下一个任务，这样我离终点就更近了。

我取得了一些成绩，但我错过了很多“当下”。

大多数人都是为了完成任务而活着。我们一年中的大部分时间都在向前冲，努力赶上进度、保持领先，然后期待假期到来，才能休息一下。可是放假了，我们一边度假，一边见缝插针地回复邮件。

我们因为一直在朝前奔跑而错过了多姿多彩的生活，我们总是小心翼翼地观察别人的反应。

就像许多父母喜欢给孩子录像，记录孩子参加派对或者其他活动。但是，他们回放时才发现，这些影像里只有孩子在玩，从来没有出现他们陪孩子玩的情景。他们忙着为未来保存这些记忆，却没能参与创造记忆。

话糙理不糙：就算到了死的那一天，我们的事情也做不完，所以，务必选择重要的事情去做。

如果我们每天都有一份长长的名单要去讨好，那么我们只能专注于完成这项艰巨的任务，而且没有人感到有什么特别的。驱使我们的是任务清单，而不是人与人之间的感情需求。

我的女婿布莱恩，就是一个注重活在当下的人。他从事销售，他能把皮大衣卖给长毛象，但这并不是因为他接受过顶尖的销售培训或是有特殊技巧。这是因为，每当他和别人在一起的时候，他都会给予对方全部的注意力。他待人真诚，人们愿意在他那里买东西，人们喜欢他全心全意的待人方式。

如今这样的人已经不多了，我们很少见到人们互动的时候能够做到不分心。

看看你的待办事项：你是活在今天，还是为了明天而活？如果你试着心无旁骛地体验每一件事，那感觉会是什么样呢？以下五种方法可以帮助你学会活在当下：

1. 无论是和朋友聊天还是在会议上，任何谈话中都不要看手机。把手机放在你看不见的地方，直到结束谈话。

2. 为你的电子设备设定使用时限。预设每天查看电子邮件的次数，并将这些约定写进日程表。邮件时间到了，全力以赴处理邮件；沟通时间到了，就要一心一意投入交流。别让二者混在一起。

3. 留意你身边的环境。无论在室内还是室外，注意周围的细节。花点时间听听附近的声音，观察那些你通常会忽略的小细节，感受温度，触摸微风，听听来自大自然的声音。

4. 关掉车里的收音机。与其不停地接收外界的输入，不如花些时间去思考。如果感觉不舒服，可能是有问题的征兆。

5. 你用不着事事循规蹈矩。如果我们死了，没人在乎我们的收件箱里还有没有未读邮件，只有我们改变了他们的生活，他们才会在乎。

关照自己

如果我们的价值取决于别人的想法，我们就需要讨好别人；

如果我们的价值来自内心，我们就需要讨好自己。

对于一名讨好者来说，这听起来很自私，而且对自己似乎也没什么好处。这就是为什么这个构建元素不仅要求我们改变行为方式，它还要求我们转变思想。

学会投资自己、关照自己，才有可能用正确的方式讨好他人。

17

学习感恩：寻找生活中的积极面

小猪明白，尽管他的心脏很小，但可以装下无穷无尽的感激。

——艾伦·亚历山大·米恩

我和黛安刚结婚的时候，没有很多钱，我们在加利福尼亚州的雷东多比奇租了一栋很小的房子。这栋房子有些破旧，很多地方需要修缮，为了节省租金，我们决定自己动手。我们铺设了一小片草坪、粉刷了房子、修葺了花坛，还种了许多花花草草。工作量很大，但我们不在乎，我们沉浸在彼此的爱意中，忙得不亦乐乎。

我们负担不起经常出去看电影或是吃烛光晚餐的费用，但那也没关系。我们的小窝离海滩只有几个街区的距离，我们经常去海边散步，这不用花什么钱。

能够彼此相伴，我们已经十分感激了。

我们结婚的时候，有人送来几个又大又沉的箱子作为结婚礼物。我们打开箱子，看到里面满满当当地装着几十盒罐头，但送礼的人把所有的标签都撕掉了。“多有创意的礼物啊！”我们感叹。

我们把这些罐头塞进橱柜的顶层，想着也许以后能用得上，至少它们在上面也不碍事。

然而，在我们结婚的头一年，有好几回我们的钱花光了，钱包空了，冰箱也空空如也。这种情况下，我们会拿出三盒罐头，摇晃它们，猜猜里面是什么。我们把罐头摆在餐桌上，郑重地感恩上天赐予我们这顿饭，然后才打开它们，吃一顿桃子、豆子和橄榄罐头也不是什么新鲜事。

我们应该不会去餐馆点这种组合。但我们记得那些罐头大餐，不是因为食物的随机，而是因为对帮助我们的人心存感激。当我们需要食物的时候，罐头就在那里，我们从不认为这是理所当然的。

写这本书的时候，我们已经结婚 43 年了。生活起起落落，但我们一直心存感恩。今天，我们橱柜里所有的瓶瓶罐罐上都贴了标签。每当准备一顿饭的时候，我们都确切地知道将要吃什么。这让人感到安慰，但远没有当初那么兴奋。

在一段感情刚开始的时候，大多数人都是时间充裕，但物质匮乏。随着时间的推移，人们的经济充裕了，但时间越来越不够用。

钱财本身并不坏，不过，一旦我们拥有了大量的财富，我们很容易将其视为理所当然。

时间是好东西，因为我们都生活在时间之中。可是，时间很容易被物质挤走。

也许是时候找回我们的初心了。

- 当你囊中羞涩但时间充裕的时候，你们的感情是什么样子的？
- 现在有什么不同吗？
- 你可以做些什么来为你们的感情找到更多的时间吗？
- 怎样才能像从前那样感激当下呢？

典型的讨好者有一种贪心不足的心态。因为他们的自我价值来自别人的意见和认同，所以只要有人肯定他们，他们就感觉很好。但这永远不够。十个人肯定他们，一个人忽视他们，他们的注意力就会集中在那一个人身上。他们永远不会心存感激，因为他们的目标是：认可他们的人越多越好。

真正的乐于助人者往往内心笃定又满足。他们的个人价值来自内心，由他们自己决定，不管别人是否表示赞同。他们感激那些肯定他们的人，但他们不需要所有人的支持。

他们心怀感恩。

感恩之心让一个人在生活中更愿意付出，拥有这种心态的人更容易影响他人。他们生活的方方面面都会受益于这种健康的心态。

培养感恩之心

改变一个人的思维方式貌似不可能，但一些简单的选择往往就能让我们走向新的方向。就像我们种下一株幼苗，它不会一夜长大，我们能够做的就是每天浇水，定期施肥。浇水这件事非常简单，但如果我们偷懒几天，它就会枯萎，如果我们每天坚持，它会随着时间的推移而茁壮成长。

培养感恩的心并不意味着我们应该忽视痛苦的经历。我们被别人伤害过，那种痛苦是真实存在的。感恩之心鼓励我们在承认现实的同时，也关注积极的事情。

有一首古老的乡村歌曲，叙述了情伤的痛楚。你的生命中有过这样的人吗？你们相识很久了，他是你信任的人，你把他当作朋友，你们分享彼此的人生，他甚至可能是你的家人。

但他背叛了你。他在背后议论你，或者在没有沟通的情况下，忽然劈头盖脸地指责你，你完全没有预料到，措手不及。又或者，他说了或做了一些让你彻底失望的事情。他践踏了你们之间的感情。

在美国，感恩节是特别的日子，人们与家人或朋友聚在一起共享盛宴、欣赏体育赛事。每当这个时候，你的心里充满了感激，因为你所关注的是，感恩节期间“应当”感恩。于是，你有意识地思索应当感激的事情，你心中的伤痛稍微缓解。

第二天，回归了日常生活，你的心又开始隐隐作痛。感恩节过去了，还应该心存感激吗？感恩节过去一周、一个月后呢？

当然。

我们每一天都应该心存感恩，感恩节只是一个契机，让我们练习一年当中每天都应该做的事情。但是，并不是因为这是一种义务，所以我们才应该“多往好处想”“保持正能量”。我们心存感恩，是因为这是避免自己成为苦主的唯一方法。

我们都认识这样的人，他们在生活中遇到一些坎坷，受到了伤害，然后，他们任由这些伤害毁掉了他们的生活。

他们确实很苦，他们会说：“我有什么好感恩的呢？瞧瞧这帮人做的好事，他们毁了我的生活！”

这是一种有毒的思想，而感恩是解药。理由如下：

感恩给了我们更为全面的视角。当受到了严重的伤害时，我们很容易忽视现实生活中积极的事情。选择感恩有助于我们实事求是地看待这个世界的两面性。

这并不能消除疼痛。伤害是客观存在的，不容我们忽视它。有人会说“你克服一下就好了”，这是没有用的。我最近做了手术，感觉很痛，我就告诉医生。“当然疼，”他说，“你身上可是挨过刀的，彻底愈合之前还是会疼的。但是过些日子后，就不会那么痛了。”

拥有感恩之心，我们就不会变成苦大仇深的人。有人曾说：“除非你自己愿意，否则没有人能毁掉你的生活。”如果我们只专注于伤痛，就等于是把情绪的控制权交给了那些伤害我们的人。培养感恩之心，从长远角度看有助于我们掌握生活的控制权。

感恩之心有助于我们保存情感能量，把精力投放到正确的地方。在生活中，有一些对我们来说很重要的人，他们值得我们为之投入时间、关注和情感。而痛苦会耗尽我们的情感能量，如果我们沉浸在伤痛中不能自拔，那么留给这些人的精力就会严重不足。感恩之心能够保障我们的情感能量储蓄。

有人搅乱了我们的生活，给我们带来了巨大的痛苦。这种情感纠葛也许永远都找不到解决的办法，你们的关系也许永远无法修复。这种痛苦可能需要训练有素的专业人士来帮你疏导。

但在这个过程中，有一种最简单的疗愈方法，那就是选择尽我们所能对一切事情心怀感恩。这不是万全之策，只是一种面对现实的生活方式。

不完美的感恩之心

早上，我到酒店去主持一个研讨会，会议室已经布置好了，桌子摆好并铺上了桌布，视听设备已经调试好，椅子摆得整整齐齐，茶歇处的咖啡已经飘出了香味。会务小组一大早就赶来准备好了这一切，随后他们消失在了幕后。

这些工作人员接受过的培训要求他们悄无声息，在后台工作。这是有风险的，因为他们可以成就一场大会，也能毁掉一场大会。看到他们如此出色地完成工作，我知道我无须多虑。如果我的研讨会进展顺利，那么每一个细节都有他们的功劳。

我偶尔也会遇到他们，每次都会向他们表达我的感激之情。虽然我们语言不通，但没关系，我们能懂得彼此的感受。

几周前，情况有点特殊。我到亚利桑那州的一家酒店，准备培训他们的员工。会场布置得很完美，但是，有人在教室前面的海报上写了一条留言：欢迎来猜！

一开始，我以为有人忘记把上次会议的纸条撕下来了。不过，几分钟后，我意识到这是幕后工作人员给我的留信。他们想感谢我使用他们的会议室，觉得有必要打个招呼。

那家酒店的客服是我见过最好的。员工不在乎自己使用的英语可能不地道，他们只想表达感激之情。

过了一会儿，我终于明白这句话的意思：欢迎来访！

我把留言指给那个团队的经理看，她笑着点点头。“他们的一贯作风，”她说，“他们很高兴为人们提供服务，有时候就是情不自禁。他们很感激你给了他们提供服务的机会，自然就表达出来了。”

这件事对我是个很好的提醒。我倾向于把事情做到完美，用正确的语言表达自己。如果做不到，干脆不做。我觉得这是小事，没什么大不了的。但是，对他们来说这并不是小事。如果我只把感激之情埋在心里，不表达出来，那么对谁都没有帮助。我应该学会说出自己的感激，语言完美不完美并不重要。

最蹩脚的表达，也比什么都不说强。

选择感恩

讨好者往往对生活有不切实际的看法。当见到那些看起来自信又从容的人时，他们就会说：“真希望我也能像他们一样。”在他们看来，别人的生活是完美的，于是很容易陷入自怨自艾。

攀比注定是一场失败的游戏，因为它让我们忘记了感恩。

我和妻子偶尔会去逛一些新住宅开发项目的样板房。这给了我们一些新体验：不用敲门就能走进别人家的大门，还可以在房子里到处溜达。（如果我们在居民区这么做，可能就要到警车的后座上体验一番了。)

我注意到，人们参观这些样板间的时候，每个人都会尽量压低嗓音说话。就好像大家在努力不去打扰房子的主人，即使知道这房子里面根本就没有住户。

房子里干干净净，播放着轻柔的音乐，家具用品摆放得整整齐齐。橱柜门上没有划痕，电视机上没有灰尘，窗户上也没有污垢，水槽里没有脏盘子和脏碗，更没有抵押贷款。房子真漂亮!

但这一切毫无生趣。

没有现实生活的温度，没有孩子们的玩笑打闹声，地毯上没有爱的脚印。

这些样板间不是用来居住的，只是用来展示。我们会想：哇!如果这房子是我的，我就能过上这样清净惬意的生活了。不过，这些房子最终会卖出去，新主人搬进来。储物间逐渐塞满杂物，电器上黏糊糊的指纹擦不干净，墙上多了孩子们的涂鸦。

这就是房子的作用。它不是用来展示的，而是承载人间烟火气的容器，是我们用来安置亲情、友情、爱情，以及柴米油盐和一地鸡毛的港湾。只有等到人们住进来，一栋房子才能成为一个家。

样板房用来看看就好，家才是有爱、有温度的地方。也许今天正是个好日子，让我们感谢我们不完美的家，以及那几位把家里弄得乱糟糟的人吧!

一旦开始攀比，感恩之心就消失了。我们眼里尽是不满：感情上的遗憾、得不到的肯定、钱不够花……这让我们倍感失落。感恩是我们的选择，而且必须有意为之。如果我们反复练习这种选择，感恩就会转化为一种自然而然的心态，并最终成为我们看待生活的滤镜。

明天早上试试，醒来后不要着急起床，想出三件值得感恩的事情，然后把它们写下来。第二天早晨，再选出三件值得感恩的事情，这样坚持一周。如果你这样做了，你会发现这个练习会影响一天中你对其他事情的态度。

让每一天都成为我们的感恩节，也许你能找回初心。

18

秉持全面视角：接受现实

当我们敬畏比自己更强大的事物时，就更容易把注意力集中在别人身上。

——保罗·皮弗

报纸上说，今晚要么出现有史以来最壮观的流星雨，要么就根本不会发生。

我是一名资深太空迷，大气层之外发生的任何事情都会引起我的兴趣。当土星出现在夜空时，我架起望远镜观察它的光环。木星的五颗卫星令我着迷。我对月球太熟悉了，简直可以帮嫦娥引路。我喜欢观赏国际空间站在夜空划过，尽管我已经看过几百次了，但从来没看腻过。

而我最喜欢的，非流星雨莫属。这种天象可不是常常能看到的，所以每一次我都早早定好了闹钟，一趟趟地跑到院子里，天气通常很冷，一直仰着头，我的脖子都酸了。

不知道期待过多少回，次次都以失望告终。除了腰酸背疼和失眠，我什么都体验不到。这可能是因为我住在南加利福尼亚，夜里灯光太亮了，星星都很难观察到，更不用说流星雨了。

但当朋友给我发短信说到这次流星雨的时候，我再次燃起了希望的小火苗。这次流星雨有两个特别之处：

1. 根据科学家推测，这次有可能成为史上最大规模的流星雨（或完全不会发生）。

2. 当时，我恰好住在近 2000 米高的山上的一个小木屋里，那里没有路灯。

于是，凌晨 12：30，我裹着厚厚的衣服出去了。天气很冷，但空气清新，山风呼啸着吹过森林。抬头望去，我看到树梢的黑色剪影在繁星密布的天空下翩翩起舞。

我在那里站了大约十分钟，没看到流星。我想，拜托，一颗也好啊。如果这会儿能看到一颗流星，我就很高兴了。

那颗流星一直没出现。最后，我忍不住大声哀叹：“唉，真令人失望！”

然而，就在这句话脱口而出的那一刻，我意识到自己的荒谬。

我没有看到流星，所以很失望。在这段时间里，我一直专注于寻找那些从没出现的流星，却忽略了一抬头就能看到的壮丽苍穹。

通常，我在家里看到的天空是黑漆漆的，偶尔有一两点黯淡的星光。但在这山顶小屋看到的是截然不同的景象：星光璀璨，漆黑的夜空反倒成了繁星的陪衬。当我还是个孩子的时候，有一回我的父母在深夜开车穿过亚利桑那州的沙漠，我从车窗望出去，从那以后，我再也没见过如此美丽的夜空了。

然而我就站在那里，对着那壮丽的星空说："就这？真令人失望。"

这样的傻事我做过很多，有时候我都没意识到。我一辈子都在追寻激动人心的、非同寻常的东西，却错过了每一天的奇迹。

人生的道路上，处处有风景：在大自然中，在我们与他人的羁绊中，在我们的信仰中，在一次次机遇中，在日常工作中，在我们的交谈中……流星雨确实很美，但那是不可预测的。当它们来临的时候，我们尽情观赏，但不要过于期待，否则容易错过当下的盛景。

《麦克米伦高阶英语词典》将"视角"定义为："一种判断事物与其他事物相比是好是坏、有多重要等的明智方法。"这意味着，我们看事物时会假设我们的位置是有利的，我们看到的是准确的。但是，如果我们试着换一个位置，就可以从一个全新的角度去看它。

我爸爸过去常说："嗯，以我浅陋但绝对正确的观点……"

我知道他是在开玩笑，因为他是一位善于倾听的人，他很少把自己的看法当作定论。我也知道，持这种观点的人不在少数。

观察某样东西时，我们很容易认为自己的视角是正确的，毕竟那是我们亲眼所见。如果别人的观点与自己不同，讨好者往往就会感到不安。他们一旦找到了适合自己的视角，便不想再考虑其他观点了。

相比敞开胸怀考虑其他观点，讨好者更愿意固守自己的视角，这让他们感觉稳妥、可控。我曾听人这么说："如果我认为我是对的，我还需要你的意见吗？"

真正助人为乐的人懂得，看待事物时，要有意识地退后几步，以便拓宽视角，看清它与其他事物的联系。他们有自己的感知，但还想看看自己的观点是否客观。如果我们想要不卑不亢、堂堂正正地影响他人，那么视角是构筑身心健康的重要基石。健康的讨好者懂得尊重事实，所以他们不断挑战自己的观点，让视角变得多维。他们可能等不到流星，但他们会改变视角，这样就不会错过天空。

视野开阔的人永远追寻真理，他们不忌讳别人的观点与自己不同。他们愿意倾听，不是为了转变自己的想法，而是通过别人的眼睛来拓展自己的视角。

杂草的价值

通过观察身边的事物，就能帮助我们理解视角的重要性。日常生活中有一些简单的例子，可以告诉我们如何转变观念。在院子里栽花种草就是一个很好的例子。

园艺可以用来修身养性：它是一种我们可以参与过程但不能强求结果的事情。我们种下种子，提供水和营养，定期修剪，呵护它们。我们只负责提供合适的条件，植物全靠自己生长。

俗话说得好："园艺比疗养便宜，还能顺便收获西红柿。"

如果我们擅长这方面，就是园艺高手；如果我们不是很在行，就变成了绿植杀手。

我算是二者兼有。这些年来，我成功养活了一些花草，也糟蹋了不少。但有一种植物我特别擅长种植，那就是杂草。

从这个角度看，我一定是园艺高手，因为我的杂草长得极好。显然我浇水施肥恰到好处，照料得当，这些杂草繁殖迅猛，生机盎然。不久前，我女儿给我发了一条关于杂草的定义（我不太确定是什么原因促使她去查这个的）。

杂草：在种植地没有价值的一类植物，通常生长旺盛。

这让我开始思考。杂草也是一种植物。它"枝繁叶茂"，这正符合我们对植物的需求，只不过它长错了地方。

如果我们辛辛苦苦把草坪修剪得平平整整，就不会希望草坪当中长出一朵花来。花很美丽，但我们想让它长在花坛里。一旦出现在草坪上，这朵花只能被视为“杂草”。如果草长在花坛里，就算茂盛，它也会被当作杂草，长错地方了。

环境决定了它们是鲜花还是杂草。

春天的时候，我们驾车路过附近的一片山坡，发现山上青翠欲滴，美得不得了。我们停下车，徒步爬上山坡，这才明白原因：野草爬满了山坡——就是我们辛辛苦苦从花园里清除的那种杂草。

但是，这些杂草正好长在了需要它们的地方，在这片山坡上，它们发挥着重要的作用：防止土壤流失。

看不到这一点的时候，我对杂草感到厌烦。看到了杂草的另一面后，我很欣赏它们齐心协力保护山坡的模样。

如何成为一个乐观的人

对于身心健康的人来说，全面视角是一种强有力的工具，因为它聚焦于现实，而不是单一的视角。我们不要笃定自己就是对的，还要有站在他人的视角去看问题的能力。也就是说，我们要学会倾听，这是人与人之间建立信任的最快方式。

身心健康的人能够换位思考。他们不会天真地相信自己所有的看法和想法，而是积极地寻找积极的一面，这是他们主动做出的选择。他们不会忽视消极的方面，但绝不会以偏概全。

我们可以选择怎样思考。这是几年前我在给房子打扫卫生时悟出来的道理。对我来说，吸尘器在地毯上留下的纹路令人非常愉悦。不管把吸尘器往哪个方向推，它后面拖出的纹路都像是在喊："瞧啊！这里干净了！"

多年来，我用吸尘器创作各式各样的图案，让这些纹路看上去对称、有创意或者富有表现力。我几乎觉得这一半是科技，一半是艺术。我希望人们一走进来，看到地毯上排列整齐的纹路，就知道我已经打扫过了。

但这样的整洁不会维持太久。大约一天后，这些纹路消失了，取而代之的是脚印。通常，看到地毯上乱七八糟的脚印，我就会想，唉！我又要吸地了。感觉这些纹路就像是房间整洁的标配似的。如果地毯上没有纹路，就会让人觉得整个房子都乱糟糟的。

一个星期天的早晨，情况变得完全不同了。我走出卧室，向客厅望去，地毯上没有整齐的纹路，而是布满了脚印。这完全不符合我对干净整洁的追求，正常情况下，看到这般场景我会很沮丧。

但这次，我笑了。

前一天，我的孙女艾弗里和埃琳娜（两个宝贝当时分别是 6 岁和 3 岁）和我在那个房间里玩了几个小时，留下了这些脚印。

艾弗里一边叨唠着公主、龙、国王和护城河的故事，一边用积木搭了一座城堡。埃琳娜的木质火车在各种动物、树木和指示牌之间穿梭，忙得不可开交。我们又说又笑，一直玩到吃晚饭。我们很享受这份天伦之乐。

这是一个承载着幸福回忆的房子，而这就是一座房子最好的用途。

第二天早上，地毯上没有整洁的纹路，但我丝毫没有烦躁，看着乱糟糟的房间，反而感到了深深的满足感。看着那些小脚印，我愉快地感叹，这块地毯乱得有价值。

我仍然喜欢用吸尘器在地毯上画图，但如果小家伙们来了，我打扫房间并不是为了清除这些脚印，而是为她们能快乐地玩耍做准备。

第四部分

改变讨好他人的生活方式

我们不会利用他人来满足自己的目的。

我们是发自内心地帮助他人。

你是否觉得自己每天都在虚度时光？

你希望改变现状，而且你有强烈的意愿去实现它。一时间，你斗志昂扬，但用不了多久，你又回到了原来的状态。改变对你来说，就像站在雨中试图用毛巾擦干自己。

这种“奋起—泄气”的过程经历得越多，你就越沮丧。每次失败都让你感觉比上一次更糟糕，渐渐地，你似乎看不到希望了。也许你会觉得自己就这样了，不可能有什么改变了，比起屡战屡败，不断地受打击，还不如接受现状，向生活低头。希望越少，失望也就越小。

你猜怎么着？在屡战屡败的道路上你并不孤单。我们都有过这样的经历。我们想要变得更好，但这似乎遥不可及。

这就是所谓的“人性”。

互联网上充斥着各种励志口号、表情包和挑战项目，朋友圈里满眼都是励志名言，表达了我们可望而不可即的人生理想。

名言数不胜数，言下之意却是相同的：“我想变成这样，但我做不到。”

我从来没见过马克杯上写着“我这样挺好的”。不过我倒是见过一个杯子上写着：“梦想小一点——这是你成功的唯一希望，真的。”

我们都会笑，因为对大多数人来说，这或多或少是事实。但这对你不一定有帮助。最后一部分主要讨论三个方面的内容：

- 如何改变?
- 何处安置我们的信仰?
- 如何成为一个真正的好人?

“你已经很好了”，这是一个很简单，但需要我们每一个人铭记于心的信息。现在，让我们一起学习如何让这一事实，成为照亮未来人生道路的一盏明灯。

19

改变一切的秘密

成为更好的自己，什么时候都不晚。

——乔治·艾略特

听到“改变”这个词的时候，你有什么感觉？

如果你不满意自己的处境，那么你很愿意去改变；如果你很享受现在的处境，你会排斥甚至害怕改变。

不管怎样，改变需要我们走出舒适区，而我们喜欢待在自己的舒适区里，因为觉得舒适。

关键是要认识到变化即将发生，也许不是每一天都会改变，但它正在到来。有人说过，不管什么时候，我们要么正在改变，要么正在从改变中走出来，要么即将进入改变。同时，我们可能觉得需要改变——但要意识到，除非我们让它发生，否则它就不会发生。

外在的变化自然而然地发生，内在的改变却是一种选择。

对于一名讨好者来说，这种选择可能是既亲切又可怕的。你活了半辈子都是为了得到别人的认可。这种生活方式既熟悉又舒适，但你明白这种模式正在侵蚀你的生活。你想要做出改变，可改变意味着要进入新的、不熟悉的领域。你还害怕讨好他人的旧枷锁无法打破，一旦改变失败，你会再陷入旧的生活方式。

外在的变化是在所难免的，需要我们去适应；内在的变化是我们创造未来的地方，需要我们去追求。这两种变化结合在一起，可以改变我们的生活。

舒适区的真相

我经常旅行，但我不是一个优秀的旅行家。我喜欢旅行这个想法，但我对旅行的整个过程感觉很有压力。我总是还没出发就思前想后，忧心忡忡。

——我怀疑行李可能超重。

——我担心万一航班延误，能不能转机。

——我总是担忧我的行李能否塞进上面的行李架，万一他们让我托运，会不会弄丢。

——我祈祷酒店预订不要有差池。

几年前，我和妻子第一次去欧洲。我担心在陌生的地方找不到厕所、水土不服、遇到麻烦等等，因为我已经离开了自己的舒适区。

没想到，那次旅行真是太棒了。我担心的事情都没发生。现在我们在讨论重返欧洲的事，我的第一个想法是：故地重游呗，还走上回的路线，反正都熟悉。这是我的舒适区。

有些人没有将自己视为旅者、将生命视为旅程。他们沉迷于舒适，变得麻木，失去了探索生活，发现美好的动力。长此以往，他们变得短视，他们蜷缩在自己的小天地里，不敢走出去尝试，逐渐失去了目标感。

但我们无论是身体力行的冒险家还是观望者，都有一个共同点，那就是，喜欢自己的舒适区。

这是一件坏事吗？多年来，我们总是听人劝：“你要离开你的舒适区。”每个人都说，只有超越现在的状态，朝着新的、有意义的方向前进，才能懂得什么是真正的人生。这是一种典型的生产力驱动型社会的理念。理由如下：

我们都应该成就大事。

我们现在不够好。

我们要离开舒适区，去追求更大的成就。

我们不应该满足于现状，应该去争取更好的东西。

如果我们安于现状，那就是平庸。

类似的名言警句多到数不清，但万变不离其宗：我们需要改变。

当我们看到如果努力生活就会变成什么样子时，我们就会迈出改变的第一步。改变让我们的生活更丰富、贡献更大、人际关系也更充实。但在很多人看来，离开舒适区意味着要面对一个可怕的、不舒服的世界，比如语言不通、路线不熟悉等。让他们出去度假几天是没问题的，不过，当回到熟悉的环境时，他们就会感到如释重负。

这种感觉是真实的，没关系。我们需要经常回家，那是我们调整、恢复和找到平衡的地方。但我们也需要时不时地离开家，走向新的方向，为我们的生活（以及他人的生活）创造更多的价值。

如果我们相信舒适区是有罪的，我们就会失去活在当下的幸福感。但凡我们稍有放松，就会感到内疚，我们总是担忧未来的成绩。

如果我们能找到一种平衡，既满足于当下（全身心地投入每一刻），又不忘采取措施去改变未来，那会怎样呢？我们的生活质量将经历一次巨大的飞跃。我们将为自己、他人做出贡献，我们会得到足够的认可。

我们的步子不需要迈得太大。我们可以走到舒适区的边缘，有意地稍微走出我们的边界，然后在那里待着，直到那里变得舒适（把那里扩展成我们舒适区的一部分）。然后重复这个过程——延伸、适应、变得舒适。

这就是成长。

当我们停止了成长，我们就开始走向死亡。你是否已经放弃了？因为成长看起来太难了，有太多的任务要做，于是你得过且过。待在你的舒适区，但要时不时地伸出你的脚趾来扩大这个舒适区。这是每一个人都能做到的事，如果你养成这种习惯，你的生活将会随之改变。谁知道你会发现什么奇迹？

健康改变的三个阶段

讨好者会怎么看待改变？从不健康的讨好者变成健康的，就像我们坐在一艘停在码头的船里，我们想去夏威夷。很多人做梦都想去那儿，但想到旅途中可能会遇到各种麻烦，就原地不动了。任何值得尝试的旅行都包括三个阶段：

1. 离开码头。

2. 穿过未知的领域。

3. 到达目的地。

第一阶段，我们待在熟悉的领域。码头上一股鱼腥味，很嘈杂，我们每天过着同样的生活。这里不如夏威夷，但很安全。我们很难下决心离开，因为旅程充满了不确定因素。码头是熟悉的，跨洋之旅是未知的。

这一阶段的任务是起锚开船，克服惰性，开始航行。这感觉不那么安全，也不那么舒服，但这就是奇迹开始的地方。

在第二阶段，我们的感知能力提升了，我们能够更清楚地意识到周围发生的事情，因为一切都是新的、不确定的以及危险的。用不了多久，我们就会忘记码头，因为我们专注于旅途中的挑战。这个阶段通常会发生两件事：

1. 我们认识到自己有能力应对这些挑战。我们面对的是从来没有遇到过的情况，不得不打起十二分的精神来应对。

2. 随着能力的提高，我们开始感到舒服，于是放松了一点。我们走出了舒适区，而且坚持下来了。

这是漫长的旅程，到处都是新奇的事物。不过，随着时间的推移，这会变成常态。我们的舒适区扩大了，我们也成长了。不熟悉的事情做了一段时间后，不适就会变成舒适。

第三阶段，我们到达目的地，庆祝一下，然后展开探索。

大多数人没有到达过第三阶段，因为他们害怕把船从码头上解开。

从一个阶段到另一个阶段是一次飞跃。不过，一旦跨过去了，我们就会迅速适应新生活。这就像进入一个冰冷的游泳池，我们鼓起勇气试图进入，但最后却坐在躺椅上，撑着一把小伞喝饮料。其实，如果我们跳进去，会发生两件事：

1. 我们感受到了现实的冲击。

2. 我们很快就适应了，几秒钟后就感觉水暖和了。

转变几乎都很可怕，因为新环境与我们当前的处境如此不同。不过，一旦我们下水就会意识到自己能适应。

我们只需要跳下去。

处理变化的第一资源

如果我们只关注必须放弃的东西而不是将获得的东西，我们就会抵触改变，宁愿一直待在舒适区。我们不知道如何处理下一阶段，因为我们从未去过那里。

那么，你具备成功的条件吗？绝对的。你是应对生活变化的第一资源，改变的每一个阶段都需要你。当你进入下一个阶段时，你会发现你所需要的资源会在你最需要的时候出现。

生活总是在改变。有时候，改变是痛苦的；有时候，改变很精彩。大多数时候，二者兼有。

成长的关键是不断拥抱改变。无论什么时候，新舞台总比旧舞台更吸引你的注意力。最终，你会发现未来比过去更有趣。

这时你就知道改变的好处了。

接下来怎么做？起锚，扬帆，起航。

承担风险，成为一个健康的讨好者，努力去影响世界，施善一生。

20

忠于自己

在教堂里假装完美，就好像盛装打扮去照X光。

——无名氏

我的第一本书出版后，一位作家给了我一条简单实用的建议：“不要去亚马逊看评论。”

作为一介新手，无知者无畏，我没有理会他的建议。毕竟，我是一个讨好者……所以，这是一个从别人那里收获好评的绝佳机会。我知道这本书很棒（在我看来），所以我想等待我的肯定是好评如潮。幸运的是，大多数评论都是正面的。但在我看来，不管有多少好评，它们都被那几条差评掩盖了。有人不喜欢我的作品，这几乎是致命的打击。

久而久之，我明白了，我的义务就是坚持真诚的写作态度和我独有的写作理念。如果我这样做，无论我写什么，总会有一些人不喜欢。没关系，因为我没有义务让每个人都喜欢我。我的任务是忠于自己，启发人们去思考。

"你是谁"

希拉·沃尔什是一位非常有名、受人尊敬的歌手和作家，1992年，她主持了很受欢迎的电视访谈节目《700俱乐部》。她太专注于自己的形象和表现，忘记了照顾内心世界，以致一度崩溃。她是这样描述的：

那天早上，我穿着漂亮的西装，梳着神气的发型，端坐在国家电视台大厦里，而到了晚上，我被关进一间精神病院的病房里。

住院的第一天，精神科医生问我："你是谁？"

"我是《700俱乐部》的主持人。"

"我问的不是这个。"他说。

"嗯，我是个作家，还是个歌手。"

"我不是那个意思，你是谁？"

"我不知道。"我说。

他回答："现在你说对了，这就是你来这儿的原因。"

讨好他人让我们自我感觉良好。但因为出发点是不真诚的，所以这种行为会从内到外逐渐摧毁我们。

摆脱讨好模式

在这本书中，我们一直在探索如何从不健康的讨好者（让别人快乐，这样他们就会喜欢我们）转变成健康的讨好者（找到内在的价值，这样我们就可以真正地帮助别人）。我们通过重新定义什么是"讨好"来帮助人们实现这种转变。

我们还探讨了导致人们陷入恐惧的五种因素，以及如何克服它们。除此之外，我们研究了可以帮助我们以最好的方式影响他人的 10 个基本要素。

是的，你可以改变讨好他人的生活方式，使用客观的镜子，找到个人价值。你能够学会欣赏自己本来的样子，从容地帮助别人。任何人都能做到，这些步骤并不难。你可以摆脱讨好模式，过上满意且平静的生活。你可以关注他人，因为你发自内心地喜欢真实的自己。

当你的身心足够健康，可以帮助他人时，你会感到发自内心的满足与平和。

21

通向成功的长期策略

明天：一片蕴藏着人类99%的生产力、动力和成就的神秘之境。

——无名氏

如果你不知道自己的局限性，你的生活会是怎样的呢？

克里夫·杨是澳大利亚的一个马铃薯种植户，他从来没做过别的工作。他经营着一个巨大的家庭农场，农场里有大约 2000 只羊。一直以来，他的主要工作是放羊。因为没有牧羊犬，他不得不亲自上阵。有时候，他一刻不停地从早跑到晚。有好几次，他不分昼夜地跑了 24 个小时——事实证明他能做到。

他知道自己擅长跑步，这是流淌在血液里的天赋。一天，他听说附近正在举行一场比赛，人们称其为“超级马拉松”，从悉尼到墨尔本，全程 875 千米。他知道自己能跑完全程，但速度太慢，而且跑步姿势不标准。他从未见识过职业比赛，但他决定试一试。

好消息嘛，这次比赛除了他只有 6 名参赛者；坏消息嘛，他已经 61 岁了，比其他人老了几十岁，而且其他人都是经验丰富的选手，有多年的比赛经验。

比赛当天，他穿着工装裤和胶靴出现了，所有人都哈哈大笑。但他一直都是穿成这样去跑步的，这场比赛也不例外。发令枪响后，他很快被甩到了最后一名。他设法让其他选手在他的视线之内，但赛事的第一天过后，他们拉开了距离，他发现自己在独自奔跑。

历时 5 天 15 小时 4 分钟后，他冲过了终点线。他坚信自己是最后一名，但他错了。

他获得了第一名，比其他选手领先了整整两天。

后来，他明白了原因。由于对赛制一无所知，他不知道晚上可以停下来睡觉。于是，他继续慢腾腾地、姿势笨拙地跑着，不知不觉超过了更快、更年轻，却在呼呼大睡的竞争者们。

如果我们面对生活中的挑战时，观察其他人如何应对类似的挑战，然后反其道而行之，会发生什么呢？

吉姆·罗恩曾经说过，我们应该找一个登上过巅峰又摔下来的人，给他一笔钱，然后说：“这些钱给你。请教教我，你是怎样一步一步搞砸你的生活的，好让我引以为戒。”

借鉴他人的经验教训，可以帮助你朝着积极的方向前进。

- 每个人在生活中都有劳而无功的经历，如果我们能反其道而行之呢？
- 每个人都有梦想，但很多人在困难面前止步了。如果我们能迎难而上呢？
- 每个人都会遇到感情挫折，对有些人来说，这段感情明明很重要，他们却放弃了沟通。如果我们能勇敢地敞开心扉呢？
- 所有的讨好者都觉得自己被困在了这种有毒的生活模式中，他们想要逃脱。如果我们能把讨好别人的能力当作自己潜在的特长，加以正向引导，那会怎样呢？

如果我们做大多数人都在做的事，我们就会得到大多数人得到的结果。如果我们的做法与大多数人相反，我们可能会得到与大多数人相反的结果。

有希望从不健康的讨好者转变成健康的讨好者吗？当然，只要我们采取与大多数人相反的方法，按照本书中列出的方法去做。

想在这个世界上有所作为

如果你突然从地球上消失，会有多少人注意到呢？又有多少人会在意呢？

那些在乎你的人，应该是你影响最大的那些人。对你来说，他们是特别的人，因为他们懂你。你的影响越大，他们就越想念你。

我们都渴望提升自己的影响力。我们想要做出巨大的贡献，影响更多的人。

我们想成为重要的人。

有些人一辈子都在为钱财卖命，他们的首要任务是保障自己的财产。他们可能在积累财富这件事上非常成功，但他们很难影响到任何人。

另外一些人很关心别人，他们仍然可以获得财富与成功，但这是他们的次要动机。对他们来说，成功意味着做出超越自身的积极影响，比如在救济机构工作或在收容所做志愿者。

影响是事情发生后留下的证据。如果在停车场里一辆购物车撞到了你的车，会留下凹痕。即使有人把购物车推走，凹痕仍在，它提醒你，你的车受到了影响。

很多时候，一件事可以对一个人产生巨大的影响。

有些是消极的影响，比如一场车祸，配偶的背叛，或者是绝症诊断，这些事情会猝不及防地、永远地改变一个人的生活。这类情况非常糟糕，意外发生了，很严重。

有些是积极的影响，比如中彩票或者找到一份理想的工作。但随着时间的推移，这些影响逐渐消退。这就是为什么大多数中彩票的人在几年后又回到了原来的生活方式。

我们每个人都会遇到一些积极或消极的事情。很多情况下，它们都是随机的、不可预测的。与此同时，你可以有意地影响他人，虽然不一定要做出轰轰烈烈的大事，但这是你自己的选择，是有计划、可预料的。当你看着那些产生巨大影响的风云人物时，你可能会想，如果我有他们那样的时间、金钱、学历、关系、技能或者背景，我也能做到。

事实是你同样可以大有作为，产生有意义的影响，只是看起来完全不同。你的独特性就是你用来影响他人的工具。如果你借用别人的工具，结果可能就不尽如人意了。没有人拥有你的工具，也没有人有能力像你那样驾驭这些工具。理解并利用你的独特性是在这个世界上产生影响的关键，如果你一心只想讨人喜欢，那你就注定平庸。

你投身改变之旅的动机是：想在这个世界上有所作为。

这不是一蹴而就的事情，而是通过人生道路上无数次平凡而琐碎的选择来完成的。想要一夜之间干出惊天动地的大事是很难的，因为有太多变量无法控制。

无论何时何地，无论你和谁在一起，在小事上做出改变都很容易。只要坚持下去，小小的改变也能演变成巨大的影响。

“骐骥一跃，不能十步；驽马十驾，功在不舍。”我们每个人，都能在平凡中酝酿伟大。

你可以的，从今天开始！

后记

如果你是一名“资深”讨好者，以随时满足别人的需要为己任，那么我的这些方法应该能够让你耳目一新。果真如此的话，那就意味着，你是能够获得自由的。

- 你可以为自己建立一个全新的范式，从内心而不是别人的看法中找到自我价值。
- 一旦建立了新的范式，你就能够充分发挥你讨好他人的倾向去影响你接触的每一个人。
- 你可以在这个世界上做出重要的贡献。
- 你会成为一个重要的人！

你可能还在犹豫，这听起来倒是不错——但这是真的吗？要是折腾一场却不管用呢？

如果你尝试了书中的方法，那么你得到治愈和做出贡献的机会是巨大的。可是，如果你不去尝试，你就只能被困在当下。

为什么不试试呢？

为什么不趁现在就开始呢？

你的人生由你做主——一切皆有可能！

致谢

每个人都想写书。但凡有点理智的人都不该蹚这浑水。

据报道，欧内斯特·米勒尔·海明威（和其他几个人）说过：“写作没什么诀窍，你所要做的就是坐在打字机前呕心沥血。”写作的过程大部分是孤独的，但也离不开他人的支持。

这是我的第六本书，我深刻地认识到，在任何一本书的写作过程中，其他人的付出都非常重要。有些人不经意地提供了宝贵的观点，有些人会鼓励我坚持下去，其他大多数人只是在这孤独的旅程中默默地陪伴着我。

这份名单可能长达好几页，但对于这本书来说，有几个名字必须提出来，他们一直陪伴我走到这里。

杰夫·戈因是我的写作导师和思想领袖。作为“部落作家”的创始人，他领导着成千上万的创作人实现他们各自独特的目标和梦想。几年前，我加入了这个亲密友爱的策划团队，他毫无保留地带动我与他共同成长、突破。这种近距离的接触不断挑战着我的心态，因此，我蜕变成一个完全不同的人。他为人谦虚，对我非常照顾，我非常感激他对我写作工作的支持，并为此感到受宠若惊。

这个团队中还有一些和我一样的创作人，他们是我的好朋友。我们平时忙于各自的作品，但有需要的时候从不吝于相互扶持。我们从彼此身上认识到了集体的智慧，我们因此都变得更好。

他们是莎拉·罗宾逊、布丽安娜·兰伯森、杰西卡·怀特黑德、莱克斯·拉特科夫斯基、泰·齐格拉、露西·史蒂文斯、戴夫、珍妮特·韦恩利、安妮·贝丝·多纳休、卡罗琳·德帕拉蒂斯、埃里克·盖尔、蒂芙尼·巴布、卡罗琳娜·塞兹摩尔、劳拉·诺顿、杰夫·杰克逊、特雷西·帕帕、泰勒·威廉姆斯、丹妮·博塔、塞斯·古格、丹妮尔·伯诺克、安迪·特劳布等。他们中的大多数人可能都不知道他们的交谈、故事、鼓励或者仅仅是陪伴，对这本书产生了多大的影响。他们是我生命中的礼物。

第六次和我的编辑维姬·克伦普顿合作，就像是给我的文字找了个私人教练，她拿走了我的初稿，发掘其中的潜质，但在编辑过程中，她尽力保留我的声音。只要她把红笔放在我的手稿上，那感觉就像把车拖过去打蜡、保养。她知道怎么清洗、擦亮，让车闪闪发光。因为有她在，写作成了一种乐趣，我很感激。

如果没有我的妻子，黛安，你不会看到这本书。和她在一起，我的心里和眼中都是美好的事情，脑海中灵感源源不断，笔下生花。因为她，我才能够写作，她是我生命中的珍宝。

写作之旅中，有这些重要的人与我结伴同行，语言很自然地流淌出来。我的家人赋予我意义，我的朋友给予我支持，我的同事给我机会。

我向你们表示由衷的感谢。你们都是上天的恩赐，我对你们的珍惜无法用语言来表达。谢谢！